宮崎 毅
西村 拓 編

土壌物理実験法

東京大学出版会

Physical Analysis of Soils
Tsuyoshi MIYAZAKI and Taku NISHIMURA, Editors
University of Tokyo Press, 2011
ISBN978-4-13-072064-9

はじめに

　土壌の物理的性質を知りたい，という要望は，かなり多方面から寄せられる．土壌微生物分野や土壌化学分野など隣接土壌科学分野，あるいは，作物学，栽培学，森林科学など農学分野では，とくにこの要望が強い．リモートセンシングによる地表面情報の解析を進める農業情報科学分野からも同様の要望が寄せられる．加えて，近年は，環境保全，循環型で持続可能な社会の実現，温室効果ガス削減，都市環境の改善，汚染土壌の浄化，などを目標とする環境科学においても，土壌の物理性を把握する必要性が出てきた．たとえば，ビルの屋上緑化や壁面緑化の工学的研究，湖床や河床の水質浄化を目指す水圏科学研究，換金作物を量産している畑作地帯で近年顕在化しつつある排水不良問題の解決技術開発，重金属・農薬・化学肥料・産業廃棄物・工場からの揮発性有機化合物（VOC）の地層地下水汚染評価，土壌中への炭素貯留と土壌からの温室効果ガス（CO_2 や CH_4）排出に関する総合評価，などが具体的課題とされ，その多くの場面で土壌の物理的性質を知る必要性が高まっているのである．

　しかし，なかなか使いやすい土壌物理実験書が見当たらないという声も少なくない．実際，多くの私立大学や法人化された国立大学の農学部でも，標準的な土壌物理実験書が存在しないので，個別のプリントを作成して実験実習を行うなど，それぞれに工夫し苦労しているのが実情である．さらに，過去を振り返ってみると，東京大学出版会から 1966 年『土壌物理実験』（八幡敏雄ら），1995 年『土壌物理環境測定法』（中野政詩ら），（社）農業土木学会からも 1983 年『土の理工学性実験ガイド』（竹中肇ら）が出版されたが，いずれも在庫切れとなっている．また，類似書として 1972 年に養賢堂から『土壌物理性測定法』（土壌物理性測定法委員会編）が，2005 年に合同出版から『だれでもできるやさしい土のしらべ方』（塚本明美，岩田進午）が刊

行されているが，いずれも大学の教室で使用するものとしては，一長一短がある．

以上のような状況を踏まえ，このたび，東京大学，鳥取大学，東京農工大学，埼玉大学，明治大学，東京農業大学，日本大学の教員が一同に会し，標準的でわかりやすい実験書を共同で作成しようという合意を得るに至った．その際，各教員が現在教室で使用している自作の配布プリントも持ち寄り，お互いにどのような工夫をしているかの披露を行い，非常に優れた工夫については，ぜひとも各大学の共有物にしたいという議論が交わされた．

さらに，実験書といえども，読み物として面白くするような工夫も必要であり，そのためには，「なるほど」と思わせるような，簡単で意表をつくようなアイディア実験を盛り込むことが適当であろうということになり，「楽しい 10 のなるほど実験」をコラムとしてテキストの随所に配置することとした．これらは，各大学で土壌物理実験を教えている教員たちの"遊び心"から飛び出した実験であり，いずれにも発案者らしさがにじみ出ている．土に水をしみこませるだけで 20℃ も温度が上昇するのは本当だろうか（コラム 10）とか，サクションを体感すると痛いだろうか（コラム 4）などと想像するのは確かに楽しい．

本書は，半年間の学部実験実習授業で完了できる基礎編（全 8 章）と，目的に応じて自由に選択できる応用編（全 11 章）とで構成されている．

基礎編ではテキストにしたがって自習することによっても実験手法が学べるよう，平易な記述を心がけた．ただし，［実験 1］は現場での測定法を述べているので，他の実験とかなり異なる．現場では，予想しがたいいろいろな条件があるので，テキストに書かれたとおりに進めば結果が得られるとは限らないという意味で，もっとも難しい，あるいは経験を要する実験，ということができる．ぜひ，経験豊富な指導者とともに現地の土壌調査を経験してほしい．［実験 2］と［実験 3］は，測定法はまったく別であるが，概念は共通性がある．すなわち，どちらも土壌の密度，という量を測定するのであるが，土粒子密度，湿潤密度，乾燥密度，という 3 種類の密度があり，それぞれ異なるが，それぞれに実質的な役割がある，というところが大切である．

はじめに　v

　［実験4］と［実験5］は，土壌水分に関する測定法であり，広く利用されているので，ぜひ身につけてほしい．土壌試料をなぜ24時間105℃で乾燥するのか，という疑問は，［実験4］の図4.2によって解決する．［実験6］粒度試験は，もっとも骨の折れる実験かもしれないので，忍耐力を期待したい．［実験7］と［実験8］は，土壌の保水性・透水性と呼ばれている量の測定法であり，土壌物理実験の中核をなす．この2つの実験手法を身につけた人こそが土壌物理を学んだ人，といっても過言ではない．

　応用編は［実験9］団粒分析から始まる．どの章も，大学院生や若手研究者，あるいは他分野の研究者，技術者など，研究目的をもった人にとっては必須となる．したがって，順々に学ぶ必要はなく，必要とする実験に直接向かってよい．［実験10］は強熱減量測定であり，この量を土壌有機物量として測定することの留意事項を示している．［実験11］の塩分濃度測定では，測定値をもとにしたいろいろな換算法がていねいに解説されているところに本書の特徴がある．［実験12］のpH測定は比較的簡便で，市販品の多くも信頼性が高いようである．［実験13］の不飽和透水係数（蒸発法）は，この種の実験書としては初めて記述されるものであろう．国際的には，ISOなどで基準化を準備している測定法が，やはり蒸発法なので，今後はこの測定法が多用される可能性が高い．挑戦してみてほしい．［実験14］で紹介する負圧浸入計（ディスクパーミアメータ）も，現位置測定法としての新しい手法である．その特徴，注意点などを，よく理解してほしい．理論的背景はやや難解であるが，時間をかければ理解できる．［実験15］は，土壌物理のかなり難しい問題を解明するために欠かせない実験であり，環境汚染や物質移動を扱いたい研究者には必須の手法である．［実験16］は熱の測定法であるが，まず熱拡散係数を測定し，熱伝導率は後から換算値として求めるところに，他書にはない特徴がある．［実験17］は，温室効果ガスと土壌ガス成分との関係を調べたい人にとって必須のガス拡散係数測定法である．［実験18］は広く利用されているTDR法について，単なるマニュアルではなく，土壌水分測定から電気伝導度測定にまでまたがる包括的な解説を加えている．［実験19］は統計処理について略述したが，地球統計学（geostatistics）にも触

れたところが新しい.

　本書の実験18項目において，留意事項を記載した．これらは，著者らが実験に手を下して体験した苦労や失敗から生み出された知恵の集積と考えていただきたい．実験開始前にはその重要性に気づかなくても，測定開始後やデータ解析において，これら留意事項の重要さを味わってもらえるだろう．さらに，本書を補足する意味で，実験用データシート，解析用フリーソフトをアップしたURLを準備した：http://soil.en.a.u-tokyo.ac.jp/sp_analysis/.

　農学，土壌学，そして環境関連科学各方面において本書と上記URLを併せて活用していただければ幸いである.

　なお，上梓にあたっては，東京大学出版会の光明義文氏，丹内利香氏に大きなお力添えをいただいた．記して謝意を表したい．

平成23年3月
宮﨑　毅
西村　拓

目　次

はじめに……………………………………………………………………………… iii
本書で使われる主な記号…………………………………………………………… xii

基礎編

［実験1］　現場で測り，現場を知る──土壌調査の基本 …………………… 3

　　　1　土壌断面観察　4
　　　2　留意事項　11

［実験2］　土粒子の密度を測る──真比重 ……………………………………13

　　　1　準備するもの　14
　　　2　実験手順　15
　　　3　データ解析　17
　　　4　留意事項　17

［実験3］　土壌の密度を測る──湿潤密度と乾燥密度（仮比重）…………20

　　　1　準備するもの　23
　　　2　実験手順　24
　　　3　計算方法　24
　　　4　留意事項　25

［実験4］　土壌の水分量を調べる──体積ベースと質量ベース……………26

　　　1　準備するもの　27
　　　2　実験手順　28
　　　3　留意事項　29

［実験5］　土壌中の水分や間隙の割合を測る──三相分布 …………31

  1　準備するもの　33

  2　実験手順　33

  3　計算方法　33

  4　留意事項　35

楽しい10のなるほど実験1　土の中の空気の存在 ……………………………37

［実験6］　土壌を構成する粒子の大きさを調べる──粒度試験 ………39

  1　比重計法（JIS A1201に準拠）　40

  2　ピペット法　49

  3　留意事項　53

楽しい10のなるほど実験2　泥水をきれいにする ……………………………55

［実験7］　土壌の水分保持力を測る──保水性試験 ……………………58

  1　吸引法（水頭型）　61

  2　加圧板法　63

  3　留意事項　66

楽しい10のなるほど実験3　触って感じる土の水分ポテンシャル ………67

楽しい10のなるほど実験4　サクションを体感する ……………………69

楽しい10のなるほど実験5　毛管上昇とヒステリシスを見る ……………70

［実験8］　水の通りやすさを測る──飽和透水係数（変水頭法） ………72

  1　準備するもの　74

  2　実験手順　75

  3　データ解析　76

  4　留意事項　77

応用編

[実験9] 団粒を測る──良い土にはなぜ団粒が豊富なのか？ ……………81

  1 準備するもの 82
  2 実験方法 83
  3 データの整理 84
  4 留意事項 85

[実験10] 土中の有機物量を測る──強熱減量試験 ………………87

  1 準備するもの 88
  2 試料の準備 89
  3 測定方法 89
  4 結果の整理 90
  5 留意事項 90

楽しい10のなるほど実験6 腐植の存在 ………………………………92

[実験11] 塩分濃度を測る──電気伝導度による診断 ………………95

  1 準備するもの 98
  2 測定方法 98
  3 データ解析 101
  4 留意事項 103

[実験12] 酸性・アルカリ性を測る──pH測定 …………………105

  1 準備するもの 107
  2 試料の準備 107
  3 測定方法 108
  4 留意事項 108

楽しい10のなるほど実験7 土の化学的な力1（pH緩衝能）………………111
楽しい10のなるほど実験8 土の化学的な力2（リン酸吸着能）……………114

[実験13] 不飽和状態の水の通りやすさを測る──不飽和透水係数（蒸発法） ……………………………………………………………… 117

1 準備するもの　118
2 実験方法　122
3 データ解析　124
4 留意事項　129

[実験14] フィールドにおける水の通りやすさを測る──原位置透水試験 ………………………………………………………………………… 130

1 負圧浸入計の測定原理　131
2 準備するもの　132
3 実験方法　133
4 計算方法　135
5 留意事項　140

楽しい10のなるほど実験9　土壌の撥水性 ……………………………………… 141

[実験15] 溶質の動きやすさと混ざりやすさを測る──溶質移動特性 ……………………………………………………………………… 143

1 半ブロック法による拡散係数（D_i）ならびに屈曲係数（τ_s）の測定　145
2 定常浸透法による溶質分散係数（D）の測定　150
3 留意事項　154

[実験16] 熱の伝わりやすさと温度変化のしやすさを測る──熱伝導率と熱拡散係数 ………………………………………………………… 156

1 熱拡散係数の測定　158
2 土粒子の比熱測定および熱伝導率の算出　163
3 留意事項　164

楽しい10のなるほど実験10　発熱する土 ……………………………………… 165

[実験17] ガス移動を測る──土壌ガス拡散係数と通気係数 ……………168

 1 土壌ガス拡散係数 169
 2 通気係数 173
 3 留意事項 175

[実験18] 電磁波で土を測る──土壌水分・電気伝導度の非破壊測定‥177

 1 準備するもの 177
 2 測定方法 178
 3 留意事項 185

[実験19] データを整理し，ばらつきや傾向を調べる──統計的手法
 ………………………………………………………………………188

 1 データ解析 189
 2 推定 192
 3 仮説検定 196
 4 空間データ解析 200

おわりに……………………………………………………………………203
参考文献……………………………………………………………………204
索　引………………………………………………………………………205
執筆者一覧…………………………………………………………………209

本書で使われる主な記号

a	シリンダー半径（mm）
c_p	土壌の比熱（$J\,g^{-1}\,K^{-1}$）
c	モル濃度（$mg\,cm^{-3}$, $mol\,L^{-1}$ または $mol\,kg^{-1}$）
C_v	体積熱容量（$J\,m^{-3}\,K^{-1}$）
CV	標本変動係数
d	粒子の直径（mm）
d	ふるいのメッシュサイズ（mm）
D	溶質分散係数（$cm^2\,s^{-1}$）
D	シリンダー内径（m）
D_i	土壌中の分子拡散係数（$cm^2\,s^{-1}$）
D_m	水力学的分散係数（$cm^2\,s^{-1}$）
D_w	水中の分子拡散係数（$cm^2\,s^{-1}$）
D_p	土壌ガス拡散係数（$cm^2\,s^{-1}$）
D_0	大気中のガス拡散係数（$cm^2\,s^{-1}$）
e	間隙比（—）
g	重力加速度（$m\,s^{-2}$）
G_s	土粒子の比重，真比重（—）
h	サクション（cmH_2O）
h	水位（m）
i	浸潤速度（$mm\,h^{-1}$）
k_a	通気係数（cm^2）
K_s	飽和透水係数（$mm\,h^{-1}$）
$K(\theta)$	不飽和透水係数（$mm\,h^{-1}$）
K	平衡定数
m	標本平均（統計）
M	土壌の総質量（g）
M_c	コアサンプラーの質量（g）
M_s	土粒子の質量，土壌固相の質量（g）
M_w	土中水の質量（g）
M_0	アルミ皿などの風袋質量（g）
n	間隙率（—）
q	水フラックス（$cm\,s^{-1}$）
q	ガスフラックス（$g\,cm^{-2}\,s^{-1}$）
q	熱フラックス（$W\,m^{-2}$）
s^2	標本分散（統計）
S_r	飽和度（—）
t	時間（s）
T	温度（℃）
v	平均間隙流速（$cm\,s^{-1}$）
V_a	土壌気相の体積（cm^3）
V_s	土粒子の体積，土壌固相の体積（cm^3）
V_t	土壌の総体積（cm^3）
V_v	土壌間隙の体積（cm^3）
V_w	土中水の体積（cm^3）
z	イオンの価数（—）
ε	気相率（—）
ε	比誘電率（—）
ε_b	平均比誘電率（—）
η	粘度，粘性係数（$Pa\cdot s$）
η_a	ガスの粘性係数（$Pa\cdot s$）
κ	熱拡散係数（$m^2\,s^{-1}$）
λ	熱伝導率（$W\,m^{-1}\,K^{-1}$）
μ	平均（統計）
θ	体積含水率（—）
ρ	反射係数（—）
ρ_s	土粒子密度（$g\,cm^{-3}$）
ρ_w	水の密度（$g\,cm^{-3}$）
ρ_t	湿潤密度（$g\,cm^{-3}$）
ρ_d	乾燥密度，かさ密度，仮比重（$g\,cm^{-3}$）
ρ_g	ガスの密度（$g\,cm^{-3}$）
σ	電気伝導度（$S\,m^{-1}$）
σ	分散（統計）
σ_e	飽和抽出液の電気伝導度（$S\,m^{-1}$）
σ_w	土壌溶液の電気伝導度（$S\,m^{-1}$）
τ	屈曲度（—）
ϕ_m	マトリックポテンシャル（cmH_2O, Pa）
ω	含水比（—）

基礎編

[実験1]
現場で測り，現場を知る
——土壌調査の基本

　自然土壌や農耕地の土壌は，地表面と平行した土層構成を有するものが多いので，地表面から鉛直下方に1-2 mの観測孔を掘り，その鉛直断面すなわち土壌断面を観察することは，有意義である．

　土壌は長い年月を経て，気候，地形，生物生態系，人間活動などの影響を受けながら生成する．たとえば，河川の近くの氾濫原では，洪水のくり返しによって砂と粘土が交互に運搬されて堆積し，砂層と粘土層の互層がくり返し形成されることが多い．農耕地では，農耕機械をくり返し使用することで，耕盤（硬盤ともいう）層が形成される．土壌風化や有機物分解も，土層形成にかかわる．

　そこで，観測孔を掘り，土壌断面を観察するとともに，そこから得られる深さごとの土壌試料を分析することは，その土壌がどのような性質をもっており，我々の目的（農業生産，土壌浄化など）に応じてどのようなことを考慮し，どのような対策を講じるべきかを検討するために，重要となる．土壌断面を観察して記述し，その断面から土壌を採取して分析することを，土壌調査という．

　土壌調査においては，まず，周辺の地形や植生，水環境を記録し，観測孔を掘り，土壌断面を観察，記録する．土壌断面観察後，その断面を利用して土壌硬度を測定することも，しばしば行われる．これに続く土壌採取は，現場の土壌を乱さない採取（不攪乱土壌採取）とスコップなどで土壌を掻き出

す採取（攪乱土壌採取）に大きく分けられる．不攪乱土壌は土壌の密度や透水性測定などに供試され，攪乱土壌は，粒度分析，化学分析，含水比測定などに供試される．したがって，土壌調査においては，土壌採取の目的に応じて，攪乱土壌を採取するのか不攪乱土壌を採取するのか，またはその両方を実施するのかを，準備段階で決定しておくことが肝要である．

以下に，土壌断面観察と土壌採取の方法や注意点について述べる．

1 土壌断面観察

（1） 調査準備

調査地を地図，地形図などで確認し，周辺状況の事前チェックを行う．

（2） 用具リストの作成および準備

必要な用具は，種類が多いと準備漏れを起こしやすいので，必ず用具リストを作成し，各用具の必要個数なども記入する．

準備するもの

1) 掘削用具：大小の移植ごて，スコップ，くわ，つるはし，ビニールシートなど．
2) 原位置調査用具：スケール（写真撮影時に目盛が見えるようなもの），メジャー（コンベックス，巻尺など），硬度計（図1.1），カラー画びょう，はさみ，カッター，剪定ばさみ，検土杖（またはルートオーガ，図1.2）．
3) 試料採取用具：ビニール袋（大，中（A4判程度），小．ビニール袋は，厚手のものが蒸発や袋の破損を避けるためによい．また，ジップ付きのものも便利である）．ひも（袋を結束するため）．不攪乱試料採取用サンプラー（農学系では100 cm^3 円筒サンプラー（内径5.0 cm）を多用する．土木系では，もう少し大きな内径7.5 cm程度のものを使うことが多い）．採土器，銅ハンマー（もしくは木，プラスチックも可），菜切り包丁，幅広刃カッター．

[実験1] 現場で測り，現場を知る——土壌調査の基本　5

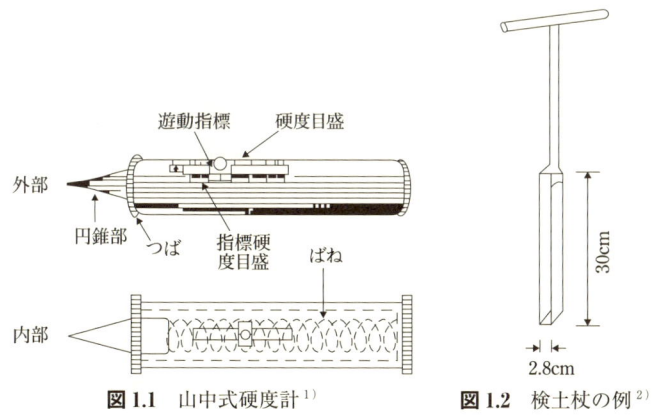

図1.1　山中式硬度計[1]　　図1.2　検土杖の例[2]

4) 記録用具：土壌断面調査票，筆記具，カメラ，マンセル土色帳（土色計も可），あれば，コンパス，GPS，傾斜計など．降雨時にも対応できる準備がほしい．
5) その他：α-α'ジピルジル溶液（土壌の酸化還元の様子を調べる試薬），種々の原位置試験が必要な場合はその用具．

(3) 観測孔

1) 観測孔の位置決め

　観測孔の掘削には労力と時間を要するため，できるだけ少ない観測孔で調査の目的を満たすよう，検土杖やルートオーガも援用して層位の現況を把握し，よく検討して位置を決める．

　断面の向きは，観察しやすく写真などによる記録が容易であることに加えて，土壌試料採取中に土壌が乾燥しないことが重要である．一般に，観察を重視して日光がよくあたる南向きの断面を作る場合と，サンプリングを優先して土壌の乾燥を避けることのために北向きの断面を作る場合が多いが，一律なルールはなく，現場において気候，天候や地形を考慮して決める必要がある．

---

1) 文献[13] より．
2) 文献[16] より．

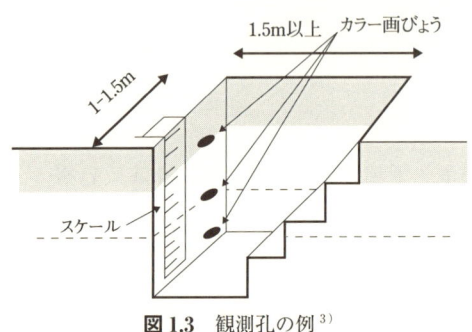

図1.3 観測孔の例[3]

図1.4 土壌断面の例
（千葉県八街市）

2) 掘削と埋め戻し

① 断面の向きが決まったら，地表部の断面予定位置に線を引き，断面予定位置近傍の地表面近くに立ち入らないようにする．調査内容や土壌の質，観測孔の深さなどによって変わるが，深さ1.2m程度の観測孔を掘削するときは，幅1m，奥行き1.5m程度を立ち入り禁止区域とすると作業効率がよい．

② 埋め戻しの際に，できるだけ元の土層構成通りに埋め戻すことが望ましい．そこで，観測孔周辺に主な土層の数だけビニールシートを用意して，掘り出した土が混ざらないようにする．

③ 断面を正面に見る方向から長方形に掘っていく．断面幅は土壌試料採取の量にもよるがおおよそ1-1.5m，奥行きは，1.5m以上が望ましい．

---

3) 文献［16］より．

深さ50 cm を超えるような場合には，奥行きを長くし，背面に観測孔進入用の階段をつけるとよい（図1.3）．

④ 予定した深さまで掘り終えたら，観測用の鉛直断面を地表から深さ方向へ向けて整えていく．このとき，鉛直断面の左右どちらか半分は平らに整形し，残り半分は平らにした後に移植ごてやナイフで表面を引っかくように削り，自然の地肌を出す．

⑤ 削り落とした土を排除し，スケールを画びょうなどで土壌断面に固定し（図1.4），観測孔掘削完了とする．

(4) 土壌断面の観察と記録（図1.5 参照）

1) 表層から，土色，根量，硬度，湿り気などを指標に層位を決め，層境界に目印になるようにカラー画びょうを刺し，写真撮影で断面を記録する．撮影時には，日時場所などを記載した紙を一緒に写しこむと後日の整理が楽になる．

2) 層位の区分，厚さ，深さなどを断面調査票に記録する．詳細な層位区分や表記については，『土壌調査ハンドブック』（文献[20]）などを参照する．土壌の色を記録するため，マンセル土色帳（または土色計）で色を決める．水田土壌など，土壌の酸化還元が関心事になるときは，α-α'ジピルジル溶液を噴霧し，赤色発色の程度によって還元状態を見る．

3) 農耕地で耕盤の有無などを検討する場合，土壌断面内で一定深さ間隔で土壌硬度計を押し当て，硬度を測定する．このとき，1深度あたり，3点から5点の測定を行い，平均する．

(5) 土壌試料のサンプリング

1) 攪乱試料

攪乱試料は，含水比分布や化学性の分析，土粒子密度や土性などの物理性の測定に用いる．深さを決めて，必要量をビニール袋に採取し，ジップ付き袋のときは内部の空気を押し出した後にジップを注意深く（土粒子を嚙まないように）閉じる．普通のビニール袋の場合は，口を束ねた上で折り曲げ，

図 1.5 土壌断面調査票の記載例

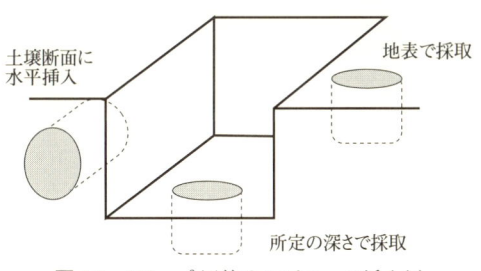
図 1.6　100 cm³ 円筒サンプラーの挿入例

ひもで厳重に結束する．密封後，袋に採取地，年月日，深さ，採取者名などを記載する（あらかじめビニール袋に記載事項を記入しておくと現場で手間取らず，また，取りこぼしの防止にもなり便利である）．

2) 不攪乱試料

不攪乱試料は，乾燥密度，体積含水率，透水係数などの移動係数や保水性の測定に用いる．

① 使用するサンプラーは事前に番号を付け，重量，全長を測定，記録しておく．

② サンプリング時の内壁摩擦による試料破壊を減らすためにサンプラー内部に薄くグリスを塗っておく（調査出発以前に準備しておくとよい）．

③ サンプラーは挿入前に，番号と挿入深さ，方向を土壌断面調査票に記録する．

④ 観測孔では，所定の深さで，必要に応じて水平方向または鉛直下方向へサンプラーを挿入する（図 1.6 参照）．挿入時は，サンプラーを採土器に取り付けて衝撃を与えないように静かに土に押し込むことが望ましい．下端が鋭利に研いであるサンプラーを用いると，容易に押し込むことができる．土が固く，押し込みにくいときは，採土器が左右にブレないように支えながら木づち（またはプラスチックハンマー，銅ハンマー）でたたいて押し込む．

特定の深度の乾燥密度を知りたいときは，スコップを使って，目的深度に十分広い水平面を露出させてからサンプラーを挿入する．サンプラ

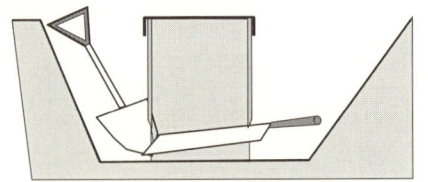

図1.7 挿入したサンプラーの掘り出し

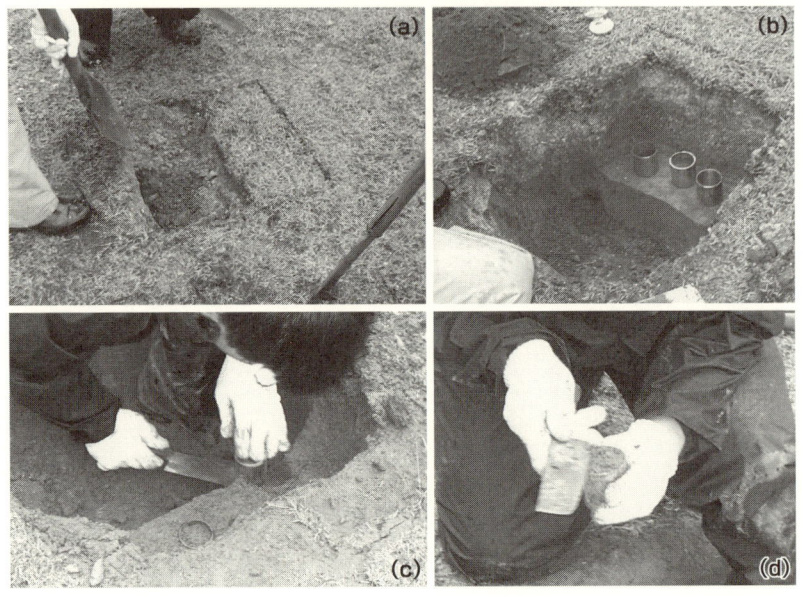

図1.8 100 cm³ 円筒サンプラー採取の例. (a) 観測孔の場所選定. (b) 水平ステージの整形とサンプラーの配置. (c) 挿入したサンプラーの抜き出し. (d) 取り出したサンプラーの上下端の整形

ーを水平方向に挿入する場合は,整形した鉛直断面を露出させ,所定深さにおいてサンプラーを挿入する.いずれも,途中で傾いたりしないように面に垂直に挿入するよう慎重に行う.

⑤ サンプラーが全部土の中に入ったら,移植ごてなどを用いて周囲の土を取り除き,下端を包丁やよく研いだナイフで切断して取り出す(図1.7 参照).土が変形したりサンプラーの中で動いたりしてしまうような

[実験1] 現場で測り，現場を知る——土壌調査の基本　11

図 1.9　100 cm³ 円筒サンプラーの例（左が土壌試料が入っているもの）

場合は，サンプラーを周囲の土と一緒に掘り出し，その後，周囲の土をていねいに削り落とす（図 1.8 参照）．

⑥　周囲をきれいに拭い，サンプラー上下端の部分の土をナイフやカッターできれいに整形する．整形中に，土壌を掻き乱したり過剰に崩落させたりしないように注意する（図 1.9 参照）．

⑦　整形後，ふたをしてビニールテープで密封し，油性ペンで採取地，日時，深さをテープ面に記載するとともに，野帳に同じ情報とサンプラー番号を記録して，もち帰る．

（6）埋め戻し

カラー画びょう，道具，スケールなどをすべて回収した後に，層位の順に注意しながら埋め戻す．一般に埋め戻し後の土は，その後に沈下することが多いので，埋め戻し途中に適宜踏み固めるとともに，地表部では水平よりも若干盛り上がる程度にするほうがよい．

2　留意事項

（1）　一般に，不攪乱試料の採取は経験が必要とされる．経験豊富な人の

採取手順をよく観察し，その手順などを積極的に学びとるように注意しよう．

（2）　土壌調査は，調査用具などの事前準備が非常に重要であり，いろいろな条件を想定して十分な準備で臨む必要がある．寝不足などが誤差や事故の原因になるので，体調管理にも気を付けたい．

（3）　土壌調査は，協力者を必要とすることが多い．事前打ち合わせ，当日の現場作業，事後の試料分析やデータ整理など，調査当日前後における協力者との十分な協議と共通理解が，信頼性の高いデータ取得につながる．

（4）　海外調査などでサンプラー内部に塗るグリスの入手が困難な場合は，薬局でワセリンなどを購入して代用してもよい．

［実験 2］
土粒子の密度を測る
——真比重

　土粒子密度 ρ_s は，

$$\rho_s = \frac{M_s}{V_s} \tag{2.1}$$

で与えられる．ただし M_s は土粒子の質量，V_s は土粒子の体積である．この値を水の密度 ρ_w で除して無次元化したもの（ρ_s/ρ_w）を真比重または土粒子の比重 G_s と呼ぶ．土壌は多くの土粒子の集合体であり，これら土粒子の主な成分は，長石（比重 2.6），石英（比重 2.7），輝石（比重 3.3），角閃石（比重 3.1），雲母（比重 2.5）など 1 次鉱物と呼ばれる物質や，これらが地表で風化作用，変成作用を受けた 2 次鉱物などである．土壌の土粒子密度は，これら土粒子集合体の平均値として求める必要がある．したがって，土粒子密度は土壌によって異なり，その母材の分布により 2.5-2.8 g cm^{-3} の値であることが多い．測定結果がこの値から大きく外れる場合（たとえば 2.0 g cm^{-3} 以下，あるいは 3.0 g cm^{-3} 以上である場合），測定誤差を検証することが望ましい．

　表土のように有機物含有量の多い土壌では，粗大有機物をていねいに除去した画分を用いて土粒子密度を測定する．有機物の密度は，多くの場合 1.0 g cm^{-3} に近いので，有機物を多く含む土壌の土粒子密度は低い値となる．

　土粒子密度は，通常，ピクノメータ法（JIS A1202 に準じる）を用いて測

定される．土粒子密度は，他の土壌物理量を誘導するために用いられ，土壌構成物質の種類や起源を推定する場合にも重要となる．

1　準備するもの

1) ゲーリュサック型ピクノメータ：容量 50 mL 以上のもの（図 2.1）．
2) 電子天秤：最小読み取り値 0.001 g 以下のもの．
3) 恒温乾燥炉（105℃）．
4) 乾燥デシケータ（冷却用，シリカゲルなど乾燥剤を入れる）．
5) 温度計．
6) 真空ポンプと接続した真空デシケータ，もしくは湯せん用具．
7) 蒸留水の入った洗浄びん．
8) 乳鉢．
9) ロート．
10) 薬さじ．

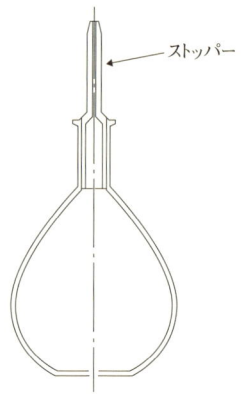

図 2.1　ゲーリュサック型ピクノメータ

2 実験手順

(1) 試料の準備

試料は105℃炉乾燥土を用いる．試料は，落ち葉や根などの粗大有機物，粗大礫分（9.5 mm 以上）を取り除き，十分にほぐしておく．粘性土の場合，風乾状態のときに試料を乳鉢ですりつぶすなどして，ピクノメータに入れやすいようにしておく．試料の量は，炉乾燥質量で10 g 以上とする．

(2) ピクノメータの検定

1) ピクノメータをよく洗って乾かした後，その質量 M_0(g) を測定する．
2) ピクノメータに蒸留水を満たし，そのときの全質量 $M_a{'}$(g) と水温 T' (℃) を測定する．ピクノメータに蒸留水を満たす際は，ストッパー内に空気泡が残らないように注意する．

(3) 測定方法

1) 炉乾燥試料をピクノメータ容積の 1/3 程度入れ，質量 M(g)（M = 炉乾燥土 (M_s) + ピクノメータ (M_0)）を測定する．このとき，試料が水分を帯びている場合はいったん炉乾燥してから，質量 M を測定する．
2) ピクノメータ容積の 1/2 から 2/3 程度を満たすように蒸留水を入れる．
3) ピクノメータに入れた試料から十分に気泡を取り除く．気泡を取り除く方法としては，真空ポンプを用いた減圧法と湯せん用具を用いた加熱法の2通りがある．

　減圧法では，真空ポンプと接続した真空用デシケータ（図 2.2）内にピクノメータを入れ，真空ポンプで減圧する．このとき，急に圧力が低下すると突沸して内容物が吹きこぼれるため，注意しながら徐々に排気し，気泡がほとんど出なくなったときに排気を止める．気化熱で試料温度が低下するので，そのまま，減圧状態で測定する室温と平衡するまで半日以上放置することが望ましい．

　加熱法では，湯せん用具（図 2.3）にピクノメータを載せ，加熱する．

図 2.2 真空用デシケータの例

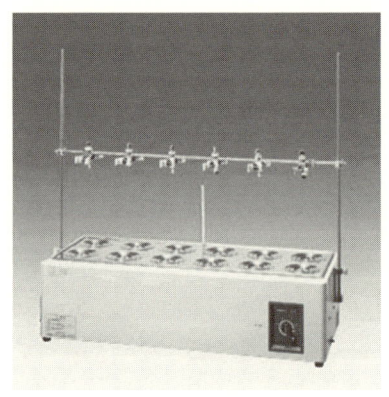

図 2.3 湯せん用具の例（アドバンテック東洋株式会社提供）

ときどき，ピクノメータを振って気泡の除去を促進する．煮沸時間は10分以上とし，気泡がほとんど出なくなったときに加熱を止め，試料が室温になるまで放置する．

4) ピクノメータに蒸留水を満たし，全質量 M_b(g) と水温 T(℃) を測定する．

3 データ解析

（1） 温度 $T'(\text{℃})$ の蒸留水で満たされたピクノメータの質量 $M_a'(\text{g})$ を，$M_b(\text{g})$ を測定したときの温度 $T(\text{℃})$ における $M_a(\text{g})$ に変換する．

$$M_a = \frac{\rho_w(T)}{\rho_w(T')} \times (M_a' - M_0) + M_0 \tag{2.2}$$

ここで，$\rho_w(T)$ は温度 $T(\text{℃})$ における蒸留水の密度 (g cm^{-3})，$\rho_w(T')$ は温度 $T'(\text{℃})$ における蒸留水の密度 (g cm^{-3}) を表す．

（2） 温度 $T(\text{℃})$ における土の真比重 $G_{s,T}$ を次式で計算する．

$$G_{s,T} = \frac{M_s}{M_s + (M_a - M_b)} \tag{2.3}$$

ここで，M_s は測定に用いた炉乾燥土の質量（$= M - M_0$）(g) を表す．ちなみに，$G_{s,T}$ と土粒子の密度 $\rho_s(\text{g cm}^{-3})$ との関係は $G_{s,T} = \rho_s/\rho_w(T)$ であるため，ρ_s は次式で計算できる．

$$\rho_s = \frac{M_s}{M_s + (M_a - M_b)} \times \rho_w(T) \tag{2.4}$$

（3） 15℃の水に対する土の真比重 $G_{s,15}$ は次式となる．

$$G_{s,15} = \frac{\rho_w(T)}{\rho_w(15)} \times G_{s,T} \tag{2.5}$$

ここで，$\rho_w(15)$ は温度 15℃ における蒸留水の密度 (g cm^{-3}) を表す．$\rho_w(15)$，$\rho_w(T)$ は，表 2.1 から読み取る．

4 留意事項

（1） 土粒子密度の測定では，大雑把で不注意な測定と，厳密で正確な測定とではデータに差が出やすい．とくに，ピクノメータ内に気泡を残さないことが，精度向上につながる．気泡の除去が不十分なときは土粒子

表 2.1 温度と水の密度（『理科年表』（2011）から補間）

温度(℃)	0	0.1	0.2	0.3	0.4	0.5	0.6	0.7	0.8	0.9
0	0.99984	0.99985	0.99985	0.99986	0.99986	0.99987	0.99988	0.99988	0.99989	0.99989
1	0.99990	0.99990	0.99991	0.99991	0.99992	0.99992	0.99992	0.99993	0.99993	0.99994
2	0.99994	0.99994	0.99994	0.99995	0.99995	0.99995	0.99995	0.99995	0.99996	0.99996
3	0.99996	0.99996	0.99996	0.99996	0.99996	0.99997	0.99997	0.99997	0.99997	0.99997
4	0.99997	0.99997	0.99997	0.99997	0.99997	0.99997	0.99996	0.99996	0.99996	0.99996
5	0.99996	0.99996	0.99996	0.99995	0.99995	0.99995	0.99995	0.99995	0.99994	0.99994
6	0.99994	0.99994	0.99993	0.99993	0.99992	0.99992	0.99992	0.99991	0.99991	0.99990
7	0.99990	0.99990	0.99989	0.99989	0.99988	0.99988	0.99987	0.99987	0.99986	0.99986
8	0.99985	0.99984	0.99984	0.99983	0.99982	0.99982	0.99981	0.99980	0.99979	0.99979
9	0.99978	0.99977	0.99976	0.99976	0.99975	0.99974	0.99973	0.99972	0.99972	0.99971
10	0.99970	0.99969	0.99968	0.99967	0.99966	0.99966	0.99965	0.99964	0.99963	0.99962
11	0.99961	0.99960	0.99959	0.99957	0.99956	0.99955	0.99954	0.99953	0.99951	0.99950
12	0.99949	0.99948	0.99947	0.99946	0.99945	0.99944	0.99942	0.99941	0.99940	0.99939
13	0.99938	0.99937	0.99935	0.99934	0.99932	0.99931	0.99930	0.99928	0.99927	0.99925
14	0.99924	0.99923	0.99921	0.99920	0.99918	0.99917	0.99916	0.99914	0.99913	0.99911
15	0.99910	0.99908	0.99907	0.99905	0.99904	0.99902	0.99900	0.99899	0.99897	0.99896
16	0.99894	0.99892	0.99891	0.99889	0.99887	0.99886	0.99884	0.99882	0.99880	0.99879
17	0.99877	0.99875	0.99874	0.99872	0.99870	0.99869	0.99867	0.99865	0.99863	0.99862
18	0.99860	0.99858	0.99856	0.99854	0.99852	0.99851	0.99849	0.99847	0.99845	0.99843
19	0.99841	0.99839	0.99837	0.99835	0.99833	0.99831	0.99828	0.99826	0.99824	0.99822
20	0.99820	0.99818	0.99816	0.99814	0.99812	0.99810	0.99807	0.99805	0.99803	0.99801
21	0.99799	0.99797	0.99795	0.99792	0.99790	0.99788	0.99786	0.99784	0.99781	0.99779
22	0.99777	0.99775	0.99772	0.99770	0.99768	0.99766	0.99763	0.99761	0.99759	0.99756
23	0.99754	0.99752	0.99749	0.99747	0.99744	0.99742	0.99740	0.99737	0.99735	0.99732
24	0.99730	0.99727	0.99725	0.99722	0.99720	0.99717	0.99714	0.99712	0.99709	0.99707
25	0.99704	0.99701	0.99699	0.99696	0.99694	0.99691	0.99688	0.99686	0.99683	0.99681
26	0.99678	0.99675	0.99673	0.99670	0.99667	0.99665	0.99662	0.99659	0.99656	0.99654
27	0.99651	0.99648	0.99645	0.99643	0.99640	0.99637	0.99634	0.99631	0.99629	0.99626
28	0.99623	0.99620	0.99617	0.99614	0.99611	0.99609	0.99606	0.99603	0.99600	0.99597
29	0.99594	0.99591	0.99588	0.99585	0.99582	0.99580	0.99577	0.99574	0.99571	0.99568
30	0.99565	0.99562	0.99559	0.99556	0.99553	0.99550	0.99546	0.99543	0.99540	0.99537
31	0.99534	0.99531	0.99528	0.99525	0.99522	0.99519	0.99515	0.99512	0.99509	0.99506
32	0.99503	0.99500	0.99496	0.99493	0.99490	0.99487	0.99483	0.99480	0.99477	0.99473
33	0.99470	0.99467	0.99463	0.99460	0.99457	0.99454	0.99450	0.99447	0.99444	0.99440
34	0.99437	0.99434	0.99430	0.99427	0.99423	0.99420	0.99417	0.99413	0.99410	0.99406
35	0.99403	0.99400	0.99396	0.99393	0.99389	0.99386	0.99382	0.99379	0.99375	0.99372
36	0.99368	0.99365	0.99361	0.99358	0.99354	0.99351	0.99347	0.99344	0.99340	0.99337
37	0.99333	0.99329	0.99326	0.99322	0.99319	0.99315	0.99311	0.99308	0.99304	0.99301
38	0.99297	0.99293	0.99289	0.99286	0.99282	0.99278	0.99274	0.99270	0.99267	0.99263
39	0.99259	0.99255	0.99252	0.99248	0.99244	0.99241	0.99237	0.99233	0.99229	0.99226
40	0.99222	0.99218	0.99214	0.99210	0.99206	0.99203	0.99199	0.99195	0.99191	0.99187

密度の値が過小になることが多い．土粒子密度の精度が高ければ高いほど，他の関連物理量の推定精度が高まるので，高精度の数値を求めたい．
（2） 温度補正はつねに重要である．
（3） 有機質土や黒ボク土の場合，風乾すると撥水性を生じ，うまく水中に沈まないことがある．このような場合には，湿土を供試し，同時に含水比を測定して炉乾燥土質量を計算で求める．
（4） 加熱法による脱気には，湯せんのかわりに105℃の乾燥炉を使う場合もある．このときは，試料が乾燥しないように注意することが重要である．
（5） 水の比重は，4℃の水の密度を基準として，表2.1から計算され，表2.2のようになる．

表2.2 温度4-40℃における水の比重

温度（℃）	水の比重	温度（℃）	水の比重	温度（℃）	水の比重
4	1.000000	17	0.998800	30	0.995680
5	0.999990	18	0.998630	31	0.995370
6	0.999970	19	0.998440	32	0.995060
7	0.999930	20	0.998230	33	0.994730
8	0.999880	21	0.998020	34	0.994400
9	0.999810	22	0.997800	35	0.994060
10	0.999730	23	0.997570	36	0.993710
11	0.999640	24	0.997330	37	0.993360
12	0.999520	25	0.997070	38	0.993000
13	0.999410	26	0.996810	39	0.992620
14	0.999270	27	0.996540	40	0.992250
15	0.999130	28	0.996260		
16	0.998970	29	0.995970		

[実験3]
土壌の密度を測る
——湿潤密度と乾燥密度（仮比重）

　土壌の密度には，実験2で述べた土粒子密度 ρ_s 以外に，湿潤密度 ρ_t，乾燥密度 ρ_d，という2種類の密度があり，それぞれ目的に応じて使用される．湿潤密度は，現場の自然含水比状態の土壌（これを生土と呼ぶこともある）の総質量 M を総体積 V_t で除した値

$$\rho_t = \frac{M}{V_t} \tag{3.1}$$

である．現場で自然土（生土）を輸送するときには，この湿潤密度と総体積の積によって輸送量を見積もることができる．乾燥密度は，採取した土壌を 105℃で 24 時間炉乾燥したものの質量 M_s を採取時の総体積 V_t で除した値

$$\rho_d = \frac{M_s}{V_t} \tag{3.2}$$

で与えられる．同じものを"かさ密度"と呼ぶこともある．この値を水の密度 ρ_w で除して無次元化したもの（ρ_d/ρ_w）を仮比重と呼ぶ．同じ土壌でも密詰め試料の乾燥密度は大きく，緩詰め試料の乾燥密度は小さい．
　乾燥密度は，土壌の単位体積あたり乾燥質量である．このように土壌の乾燥という操作を介して決定する密度なので，乾燥密度と呼ぶ．用いる単位は g cm^{-3} あるいは Mg m^{-3} である．世界各地土壌の湿潤密度と乾燥密度の数

表 3.1 日本と世界の土壌の湿潤密度（採土時）と乾燥密度の数値例

採土地と採土深さ	湿潤密度（g cm^{-3}）	乾燥密度（g cm^{-3}）
千葉県八街市畑地　深さ 23 cm	1.33	0.80
千葉県八街市畑地　深さ 100 cm	1.17	0.52
千葉県八街市畑地　深さ 200 cm	1.32	0.65
千葉県千葉市水田　深さ 50 cm	1.44	1.00
中国東北部ソンナン平原草地　深さ 10 cm	1.75	1.32
中国東北部ソンナン平原草地　深さ 80 cm	1.97	1.58
チュニジア国ケロアン畑地　深さ 25 cm	1.54	1.30
チュニジア国ガベス畑地　深さ 60 cm	1.68	1.34

値例を表3.1に示す．千葉県八街市の土壌は火山灰土壌なので，世界中の他の土壌と比較して乾燥密度が著しく小さい．なお，乾燥密度は土壌の膨潤や収縮，圧縮といった体積変化がない限り変化しないが，湿潤密度は降雨浸入や地表面蒸発に伴う水分量の時間変化とともに変化するので，表3.1の値は採土時の湿潤密度である．

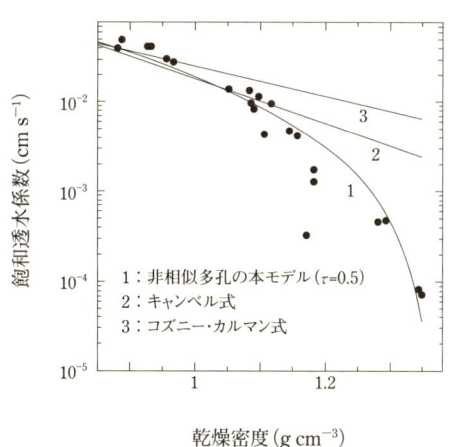

図3.1 乾燥密度と飽和透水係数の関係[1]

---

1) Tsuyoshi Miyazaki (1996) "Bulk density dependence of air entry suctions and saturated hydraulic conductivities of soils", *Soils Science*, **161**：484-490 より．

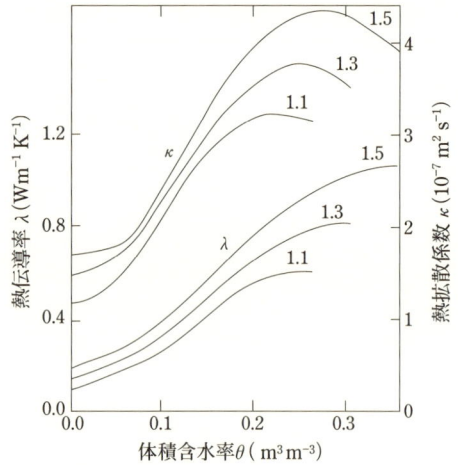

図 3.2 乾燥密度と熱物性 (図中の数字は土の乾燥密度, g cm^{-3})[2]

一般に, 乾燥密度が高いほどその土は固く, 透水性が低くなるため, 乾燥密度を測定することは, その土壌の物理性を推定する上で重要である. 図 3.1 は, 乾燥密度が高いほど飽和透水係数が低下する例を示し, この傾向を再現できるモデルの比較を示している. 図 3.2 は, 乾燥密度が高いほど土の熱伝導率や熱拡散係数 (実験 16 参照) が高くなることを示している.

乾燥密度は, 質量基準の土壌物理性を体積基準の土壌物理性に変換する際に用いられる. たとえば, 土壌の含水比 ω から体積含水率 θ を求めるには

$$\theta = \frac{\rho_\mathrm{d}}{\rho_\mathrm{w}} \omega \tag{3.3}$$

とする. 水の密度 $\rho_\mathrm{w} = 1 \, \mathrm{g \, cm^{-3}}$ により, 単純に含水比×乾燥密度から体積含水率の数値が得られるので便利であり, 多用される. 同様に, 乾燥土壌の比熱 c_p から体積熱容量 C_v を求めるには,

---

[2] Marshall, T. J., J. W. Holmes and C. W. Rose (1996), *Soil Physics* 3rd ed., Cambridge University Press より.

$$C_\mathrm{v} = \rho_\mathrm{d} c_\mathrm{p} \tag{3.4}$$

とする．

　乾燥密度を求めるには，主に次の3種類の方法がある：1) コアサンプル法，2) 現場掘削法（砂置換法），3) 放射線法（ガンマ線法，X線CT (computed tomography)）．通常の土（砂・シルト・粘土，有機質土など）であればコアサンプル法が用いられるのに対して，礫が多い土や非常にもろい土の場合は砂置換法を用いることが多い．ガンマ線法は，非破壊で乾燥密度を測定することができる原位置測定法の1つであるが，法律による規制があり，線源の入手が難しい．X線CTは近年，急速に技術的な進歩を遂げているが，装置が高価であることが難点である．本実験では，コアサンプル法について，その手順とデータの整理方法について述べる．

1　準備するもの

1) 円筒型コアサンプラー（たとえば $100\,\mathrm{cm}^3$ 円筒サンプラー）とふた．
2) 採土器．
3) はさみ，カッターナイフ，包丁など．
4) 移植ごて，スコップ．
5) アルミ皿．
6) 木づち．
7) ビニールテープ．
8) ビニール袋．
9) ひも．
10) メジャー（小型巻尺）．
11) 野帳．
12) 筆記用具．
13) 油性ペン（黒色）．
14) 恒温乾燥炉（105℃）．

15) 電子天秤（最小読み取り値 0.01 g のもの）．

2 実験手順

1) 使用するサンプラーすべてについて高さや直径を測り，総体積 V_t (cm³)を求めるとともに任意の整理記号を付けてから，質量 M_c(g)を測定し，ふたの有無も含めて記録する．
2) 実験1，1.(5)の手順にしたがって不攪乱試料を採取する．
3) 試料を実験室にもち帰った後，土とサンプラーの間に隙間などがないか確認する．試料の上下端に凸凹がある場合は平らに整形した後に試料長を改めて測定し，試料の体積 V_t'(cm³)を再計算する．
4) サンプラーに入ったままの状態で（ビニールテープは除く），アルミ皿（質量 M_0(g)）などに載せ試料の質量 M_1 ($=M_c+M_w+M_s+M_0$(g)，ただし，M_w は土中水の質量，M_s は炉乾燥土質量）を量る．なお，この M_1 は含水比や湿潤密度，体積含水率を求める際に必要となるが，乾燥密度の計算には用いない．計量時，ふたは M_c を測定したときと同じ状態にすること．
5) サンプラーをアルミ皿に載せたまま，105℃の恒温乾燥炉で24時間炉乾燥する．炉乾燥後，アルミ皿ごと質量 M_2($=M_c+M_s+M_0$(g))を量る．

3 計算方法

乾燥密度は単位体積あたりの土の質量で定義されているので，以下の式で求める．

$$\rho_d = \frac{M_2-(M_c+M_0)}{V_t'} \tag{3.5}$$

さらに上記測定により，以下の物性値も同時に求めることができる．

含水比

$$\omega = \frac{M_\mathrm{w}}{M_\mathrm{s}} = \frac{M_1 - M_2}{M_2 - (M_\mathrm{c} + M_0)} \tag{3.6}$$

湿潤密度

$$\rho_\mathrm{t} = \frac{M_1 - (M_\mathrm{c} + M_0)}{V_t'} \tag{3.7}$$

体積含水率

$$\theta = \frac{M_\mathrm{w} \rho_\mathrm{w}}{V_t'} = \frac{\rho_\mathrm{t} - \rho_\mathrm{d}}{\rho_\mathrm{w}} \tag{3.8}$$

4 留意事項

（1）不攪乱試料は，乾燥密度だけでなく，たとえば透水係数や水分特性曲線の測定にも用いられる．また，自然含水比のままでの測定を必要とするものもある．したがって，試料からの水分蒸発損失を最小限にとどめるようにふたをきちんとし，運搬中にも水分や土粒子の損失がないように注意する必要がある．

（2）サンプラーの大きさは，サンプル採取のしやすさ，測定の利便性，データの代表性，また，既往の研究との比較などを考慮して決定する．日本では，多くの場合 $100~\mathrm{cm}^3$（内径 $5.0~\mathrm{cm}$，高さ $5.1~\mathrm{cm}$）のものが用いられるが，対象とする土の種類によっては，もっと大きな $400~\mathrm{cm}^3$ 程度のサンプラーを使うほうが望ましいこともある．また，あまり長いサンプラーを用いると，打ち込みの過程でサンプラーの内壁と土の摩擦によって土が圧縮されたり，試料の構造が壊されたり，サンプラー壁と土の間に隙間が生じたりする．これらは，乾燥密度測定にはあまり影響がなくても，透水性など他の物理性の測定には大きく影響するため，注意を要する．

［実験4］
土壌の水分量を調べる
──体積ベースと質量ベース

　土壌の水分量は，土壌の性質を大きく左右する重要な指標である．固さ，透水性，通気性といった土壌の理工学的な性質は土壌中の水分量に依存する．たとえば，農学的には，植物の根が吸収しやすい土壌水分量の範囲（pF1.8-4.2．PFについては実験7を参照）を有効水分と呼ぶ．地盤工学では，同じエネルギーを与えて土を締め固めるときに，もっとも乾燥密度が高くなるような水分量を最適含水比と呼ぶ．最適含水比に調整した土で施工すると，同一エネルギーの投入により，もっとも堅固な地盤を構築できるので，「最適」と呼ぶのである．また，土壌中の微生物の活動やそれに伴う代謝ガス，生成物の発生も土壌水分量に左右される．不飽和状態の透水性，通気性は水分量の関数で表されることはよく知られている．

　土壌が含む水分量を評価する指標として通常用いられる量に含水比 ω と体積含水率 θ がある．含水比 ω は，土壌を構成している土粒子，水，空気の三相のうち，土粒子の質量 M_s に対する水の質量 M_w の比

$$\omega = \frac{M_w}{M_s} \tag{4.1}$$

である．体積含水率 θ は，土壌の体積 V_t の中で水が占める体積 V_w の割合

$$\theta = \frac{V_w}{V_t} \tag{4.2}$$

である．どちらも 100 倍して % で表示してもよい．含水比の測定は日本工業規格 JIS 1203 で規定されているが，含水比，体積含水率のいずれが優れた量であるかということはなく，目的に応じて使い分けるべきものである．以下本書では，単位が必要な場合，体積に cm^3，質量に g を用いる．

含水比と体積含水率の間には，

$$\theta = \frac{V_w}{V_t} = \frac{V_w}{M_s}\frac{M_s}{V_t} = \frac{M_w}{M_s \rho_w}\frac{M_s}{V_t} = \omega \times \frac{\rho_d}{\rho_w} \tag{4.3}$$

ただし，$\rho_d = \frac{M_s}{V_t}$ は乾燥密度，ρ_w は水の密度

という関係が成り立つ．土壌の水分量を，飽和度 $S_r = \frac{V_w}{V_v}$ で表示する場合もある．ただし，V_v は土壌中の間隙（実験 5 参照）の体積である．飽和度 S_r も 100 倍して % で示すことができる．

関連して下記の諸量も得られる．

湿潤質量：$M_t = M_s(1+\omega)$ \hfill (4.4)

間隙率　：$n = \frac{V_v}{V_t} = \frac{V_w + V_a}{V_t} = 1 - \left(\frac{\rho_d}{\rho_s}\right)$ \hfill (4.5)

ただし，$\rho_s = \frac{M_s}{V_s}$ は土粒子密度，V_a は気相体積

膨潤性の粘土などのような特殊な場合を除いて，土壌中で水が満たすことのできる空間は土壌中の間隙のみである．したがって，体積含水率(θ)は $\theta \leq n$ である．

1　準備するもの

1) 恒温乾燥炉（105℃）．
2) はかり（最小読み取り値については表 4.1 を参照）．

表4.1 試料の量とはかりの要求精度

試料質量	はかりの最小読み取り値
10 g 未満	0.001 g
10-100 g	0.01 g
100-1000 g	0.1 g

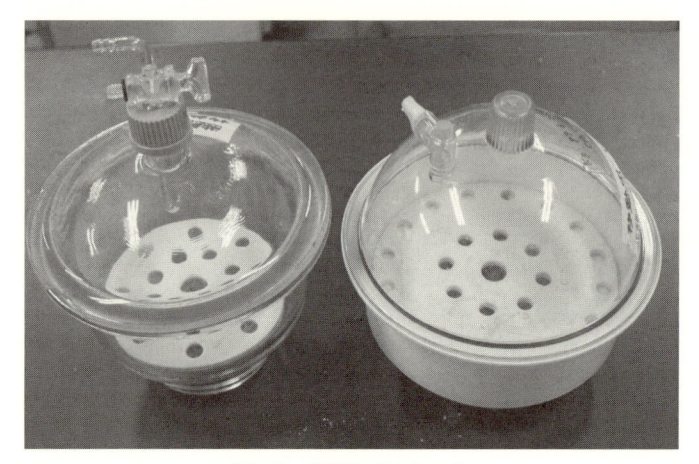

図4.1 乾燥用デシケータ

3) 試料容器（105℃で質量変化の生じないもの，ふた付きが望ましい）．
4) 乾燥用デシケータ（乾燥剤入り，図4.1）．

2 実験手順

1) 試料容器の質量（M_0）を測定・記録後，試料を容器に入れて湿潤質量（M_1）を測定する．
2) 試料を恒温乾燥炉に入れ，一定質量になるまで静置する．一定質量になるまでの時間は，細粒土の場合や試料の量が多いときに長くなり，粗粒土や試料の量が少ないときに短くなるが，24時間を基本とする．
3) 炉乾燥終了後室温まで冷却する．このとき，大気中で冷却すると大気中の水分を吸湿して炉乾燥質量が変わるため，乾燥剤（シリカゲルや塩

化カルシウム）入りの乾燥デシケータで冷却することが望ましい．冷却して室温になったら，炉乾燥質量（M_2）を測定する．乾燥剤は適宜，再生もしくは交換すること．

4) 含水比は，次のように求められる．

$$\omega = \frac{M_1 - M_2}{M_2 - M_0} \tag{4.6}$$

5) 体積含水率が必要なときは，試料の体積（V_t）を測定して乾燥密度（ρ_d）を算出する．多くの場合，内容積（V_t）が既知のサンプラー（たとえば，100 cm^3 円筒サンプラー）に充填されている試料に対して上記1)–4)の手順を実施する．このとき，乾燥密度と体積含水率は，次のように求められる．ただし，通常は水の密度 $\rho_w = 1.0$ g cm^{-3} として計算してかまわない．

$$乾燥密度：\rho_d = \frac{M_2 - M_0}{V_t} \tag{4.7}$$

$$体積含水率：\theta = \frac{(M_1 - M_2)/\rho_w}{V_t} \tag{4.8}$$

3 留意事項

（1）含水比は，土壌の体積測定を必要とせず，質量測定のみで精度の高い測定が可能であるという簡便さから，よく用いられる．上述した最適含水比の他，体積既知の容器に試料を充填したいときに必要な試料質量を確定するカラム実験など，水分条件を決めて試料調整をする際に重要な量である．

（2）含水比の測定は，JIS 1203 で規定されており，ここでは，恒温乾燥炉の使用を要求している．しかし，現場における簡便な手法としては，精度に関して劣る部分はあるが，恒温乾燥炉の代替として電子レンジによる加熱や，ホットプレートなどによる直接過熱によって水分を飛ばし

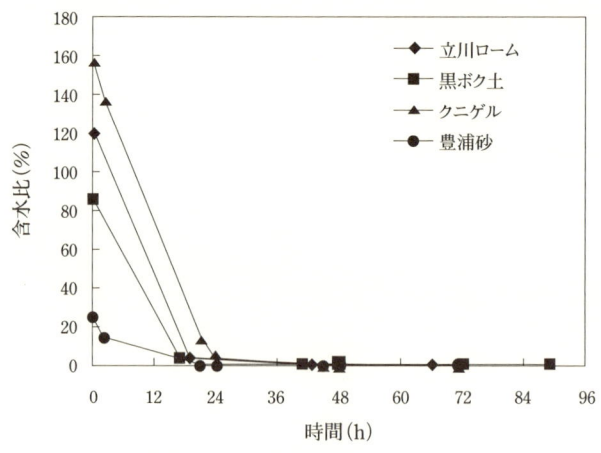

図 4.2　105℃炉乾燥時間と含水比値

て含水比を求める方法が使われることもある．これらの方法を用いた場合は，そのむね特記する必要がある．

(3) 図 4.2 は，炉乾燥時間と含水比の変化を 4 種類の土壌について示したものである．これを見れば明らかなように，炉乾燥 24 時間という長さは，経験的に決められた目安であり，実験日程の都合などにより 2 倍（48 時間）程度までの延長は許容される．しかし，試料を長い時間乾燥炉内に放置することは，試料の変質，精度の低下を招くので，避けるべきである．逆に，炉乾燥 12 時間程度で切り上げることは，大きな測定誤差を生むことになることに注意したい．

(4) 炉乾燥終了直前に試料容器のふたをして，その後 10 分ほど炉で加熱した後にデシケータに移して冷却すると，冷却中の質量変化が小さい．

［実験5］
土壌中の水分や間隙の割合を測る
——三相分布

　土壌は，固相，液相，気相の集合体である．土壌の固相は鉱物微粒子と有機物などで構成されており，その間隙部分に液体や空気を収容している．固相間の間隙に含まれる液体とその中に溶けている溶質を合わせて液相と呼び，間隙内の液相を除いた部分を気相と呼ぶ．それぞれの体積割合を固相率，液相率，気相率といい，これら三相の割合を定量的に表示したものを土壌の三相分布という．また，液相と気相の和を間隙と呼び，その体積割合を間隙率という．

　図5.1は土壌の固相，液相，気相の三相の体積（V: volume）および質量（M: mass）を下付き文字のs（solid），w（water），a（air）で表している．

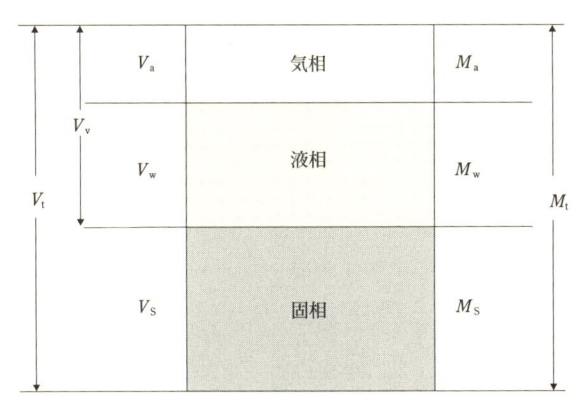

図5.1 土壌の三相分布

表 5.1 日本と世界の土壌の固相率，間隙率と体積含水率（採土時）の例

採土地と採土深さ	固相率	間隙率	体積含水率(採土時)
千葉県八街市畑地　深さ 23 cm	0.316	0.684	0.656
千葉県八街市畑地　深さ 100 cm	0.195	0.805	0.348
千葉県八街市畑地　深さ 200 cm	0.239	0.761	0.853
千葉県千葉市水田　深さ 50 cm	0.373	0.627	0.587
中国東北部ソンナン平原草地深さ　10 cm	0.517	0.483	0.420
中国東北部ソンナン平原草地深さ　80 cm	0.593	0.407	0.383
チュニジア国ケロアン畑地　深さ 25 cm	0.473	0.527	0.252
チュニジア国ガベス畑地　深さ 60 cm	0.486	0.514	0.334

また下付き文字 t（total）は全体を意味し，下付き文字 v（void）は間隙を意味する．

　固相率が 50-60% 以上の土壌は，総じて硬くて排水性が悪く，植物が生育しにくい．固相率が 50% 以下の土壌は，間隙率が大きく，透水性が高い．間隙は，そのサイズが大小の変化に富んでいると，水分や空気，また有機物や微生物を適度に保持することができ，良好な土壌となる．関東ロームなどの火山灰土壌では，固相率が 20% かそれ以下の値となることがある．これは，火山灰に含まれるガラス状（非晶質という）微細粒子が中空構造を有し，これら微細粒子が凝集して団粒構造を作ることで，大きな間隙率（80% 前後）を得るためである．表 5.1 に日本と世界の土壌の固相率と間隙率の例を示した．

　原位置土壌の三相分布を知るためには，不攪乱試料，すなわち土壌構造を乱さずに採取した試料を必要とする．試料を攪乱すると体積と構造が変化してしまうからである．不攪乱試料の体積測定には，大別して，既知の定容積円筒を用いて採土することで一定値とする方法と，採土したあとの形状にノギスをあてて体積を実測する方法がある．本書では 100 cm^3 円筒サンプラーを用いた場合を述べる．また，乾燥密度と土粒子密度（真比重）から固相率を計算で求める間接的方法と，市販の実容積計（三相分布計）を用いる直接的方法についても触れる．

1 準備するもの

1) 円筒型コアサンプラー（100 cm³ 円筒サンプラー）．
2) 恒温乾燥炉（105℃）．
3) 電子天秤（最小読み取り値 0.1 g 以下のもの）．
4) 実容積計（三相分布計）．ただし，間接計算法を用いる場合は不要．

2 実験手順

1) 試料の質量 M_1 の測定

電子天秤で質量 $M_1(=M_s+M_w+M_c+M_0)$ を測定する．ここで，下付き文字 s，w，c，0 はそれぞれ土（solid），水（water），円筒（cylinder），その他容器（0）を示す．サンプラーの質量にふたを含むかどうかに注意する．また，電子天秤の選択については実験 4 を参照のこと．

2) 実容積（V_s+V_w）の測定

実容積計で実容積（V_s+V_w）を測定する．実容積計を使用しない場合は，下記の間接計算法を採用する．前者は簡便な測定法であるが，精度よく測定するには，後者のほうが優れている．

3) 固相の質量 M_s の測定

試料を乾燥炉（105℃）に入れ一定質量を得るまで炉乾燥し，乾燥後の質量 $M_2(=M_s+M_c+M_0)$ を電子天秤で測定する．

4) サンプラーの質量 M_c の測定

乾燥後の試料を捨て，サンプラーをきれいに洗った後，乾燥させ，サンプラーの質量 M_c を電子天秤で測定する．M_c は試料採取前に測定してもかまわない．

3 計算方法

1) 液相体積

気相質量をゼロとみなし（$M_a=0$．空気の密度 1.293×10^{-3} g cm^{-3} は無視できるほど小さい），乾燥前後の質量差を液相質量とし，水の密度で割ることで液相体積 V_w は得られる．

$$V_w = \frac{M_1 - M_2}{\rho_w} \tag{5.1}$$

2) 固相体積

実容積から液相体積 V_w を引くことで固相体積 V_s が得られる．実容積を測定しない場合は，別に測定した土粒子密度 ρ_s（$=M_s/V_s$：実験2参照）と乾燥密度 ρ_d（$=M_s/V_t$：実験3参照）を用いて，

$$V_s = \frac{\rho_d}{\rho_s} \tag{5.2}$$

として計算で得られる．本書は，実容積測定より後者を推奨する．

3) 気相体積

気相体積 V_a は，試料円筒の容積または供試体体積（V_t）から固相体積と液相体積を引いて得られる．

$$V_a = V_t - V_s - V_w \tag{5.3}$$

4) 固相率，液相率，気相率

固相率 P_s，液相率 P_w，気相率 P_a はそれぞれ次式で計算される．

$$P_s = \frac{V_s}{V_t}, \quad P_w = \frac{V_w}{V_t}, \quad P_a = \frac{V_a}{V_t} \tag{5.4}$$

いずれも100倍して％表示としてもよい．

5) 含水比，体積含水率，飽和度

三相分布の測定の中で得られる三相の質量と体積の値から，水分量は次のように含水比 ω や体積含水率 θ として計算される．

$$\omega = \frac{M_w}{M_s}, \quad \theta = \frac{V_w}{V_t} = \frac{M_w}{V_t \rho_w} \tag{5.5}$$

さらに間隙の中にどれだけの水が存在しているかを表す指標として，飽和度 S_r が計算される．

$$S_r = \frac{V_w}{V_v} \tag{5.6}$$

6) 間隙率，間隙比

間隙に関しては，間隙率 n，または間隙比 e として表される．

$$n = \frac{V_v}{V_t}, \quad e = \frac{V_v}{V_s} \tag{5.7}$$

4 留意事項

（1） 三相分布で得られる液相率は，とくに表層の場合，土壌試料の採取日以前の降雨や灌水，地下水位の変動など土壌の乾燥状態に依存して変化することに注意する．また，土壌の保水性や透水性は，三相分布のみならず，粒度（実験6）や団粒度（実験9），間隙の大小などに影響されることを理解しておく．

（2） 間隙の大きさを考慮し，間隙径によって粗間隙と微細間隙に分けて記述する方法もある．間隙径分布は水分特性曲線（実験7）から得られる．

（3） データ表示は，小数点表示と100倍した%表示とがあり，それぞれ慣例によっている．もっとも多く見られるのは，実験データを小数点表示とし，報告書などの文章では%表示に書きかえるものである（本書はおおむねこの方式をとる）．

（4） 実容積計を用いて固相体積と液相体積を測定する場合，一定圧力で加圧し土壌試料中の気相と試料室内の気相の和を一定体積とすることで固相と液相の体積の和を測定することが可能となっている．このとき，土壌中の気相部は連続性が保たれている必要がある．不適切な採土の結果，表面の間隙をつぶしてしまうことで目詰まりを起こす場合，あるい

は重粘土のように封入空気を生じる場合には，実容積測定法では測定誤差を生じやすい．

（5） 通常，三相分布のみを測定目的とすることはない．湿潤密度や実容積を測定した後，透水試験や保水試験などを行い，最後に試料を炉乾燥して乾燥後の質量を測定し，三相分布の定量に必要な数値を得て，測定を終了し，計算によって関連諸量を求める．

楽しい 10 のなるほど実験 1
土の中の空気の存在

　土壌の気相率を知る方法は実験 5 で，また，土壌中の空気と大気中の空気の違いは実験 17 で説明している．しかし，これらを測定する方法は単純とはいえない．そこで，土壌中にどのくらいの空気が含まれているかを視覚的に理解する簡単な方法について説明しよう．

1　準備するもの
1) 100 mL 容量程度の三角フラスコ．
2) 水：蒸留水や脱気水が理想だが，用意できない場合は水道水．
3) 減圧装置：排気用デシケータと耐圧ホースでつながった真空ポンプ．
4) 数種類の土（たとえば，林内の表土，畑の土，砂場の砂，校庭の土など）を空気乾燥した後，2 mm 程度のふるいを通過したもの．

2　実験
（1）100 mL フラスコに対象とする土壌（ここでは黒ボク土と砂）を 50 mL 程度まで入れ，それにフラスコの首の部分まで水を加える．別に同型のフラスコを用意し，水のみをフラスコの首の部分まで加える．
（2）すべてのフラスコに同じ高さまで水を入れたら，土壌を入れたフラスコについては，口を手で押さえて反転させるなど十分に試料と水をなじませる．その後，気泡を追い出しながら水の高さを観察する．
（3）フラスコの水位低下から，どのようなことがいえるか考察する．
（4）再び水の高さが同じになるように，水位の低下したフラスコに水を加える．
（5）フラスコを真空デシケータに入れ，真空ポンプで減圧する．
（6）気泡の発生状況と，減圧を終了したフラスコの水位低下を再度観察し，どのようなことがいえるか考察する．

3　解説
　前半（（1）-（3））の簡単な操作だけでも，土中に存在する空気の存在が理解でき

ると思うが，目で確認できる比較的大きな気泡以外にも，真空ポンプで減圧しないと現れない微小な空気が存在していたという事実が理解できる．また，フラスコごとに水位低下の程度が異なることから，土性や有機物量の違いによっても土中空気の存在量に差があることが理解できる．一般に，黒色を呈する高有機質土ほど微細な空気を多く含んでおり，このことが土壌中の微生物や植物根などの生息や生長にとって良好な環境をつくり出しているといえる．

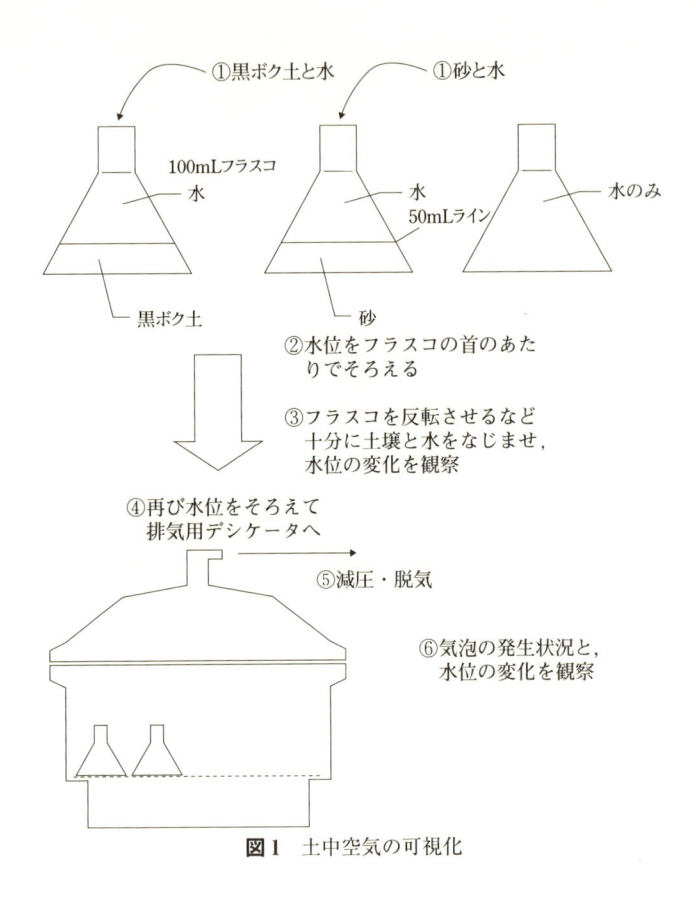

図1 土中空気の可視化

[引用文献]

稲松勝子（1987）『土をはかる』，日本規格協会，p.32.
文献［11］，p.56.

［実験6］
土壌を構成する
粒子の大きさを調べる
——粒度試験

　土壌をよく観察すると，いろいろな大きさの粒子で構成されていることがわかる．土壌粒子の粒径分布（particle size distribution）を，別名，粒径組成（particle size classification），あるいは粒度（gradation）という．粒径分布を定める試験が粒度試験である．英文では mechanical analysis と呼ぶこともある．

　粒度試験の結果得られた粒径分布について，国際土壌科学会分類法では，粒径 0.002 mm 以下の粒子を粘土，粒径 0.002-0.02 mm の粒子をシルト（微砂），0.02-0.2 mm の粒子を細砂，0.2-2.0 mm の粒子を粗砂，2 mm 以上の粒子を礫と呼ぶ．また，日本の JIS 規格では，粒径 0.005 mm 以下の粒子を粘土，粒径 0.005-0.075 mm の粒子をシルト，0.075-0.425 mm の粒子を細砂，0.425-2.0 mm の粒子を粗砂，2-75 mm の粒子を礫，75 mm 以上の粒子を石と呼ぶ．

　粒度試験の方法には，比重計法とピペット法がある．比重計法およびピペット法の原理は，「球形の微粒子の水中における沈降速度は粒径の2乗に比例する」というストークスの式を応用しており，直径 d(m)，密度 ρ_s (Mg m^{-3}) の粒子が，密度 ρ_w (Mg m^{-3})，粘度 η (Pa·s) の分散媒の中を深さ h (m) まで沈降するのに要する時間 t(s) は，重力の加速度を g (m s^{-2}) とすれば下記の式で求められる．

$$t = \frac{1.8 \times 10^{-7} h\eta}{d^2 g(\rho_s - \rho_w)} \tag{6.1}$$

比重計法,ピペット法では,土壌粒子をばらばらにして溶液中に安定して分散させることが重要である.

粒径分布が定まると,粘土,シルト,砂(細砂)の割合を用いた三角座標を利用して土性(soil texture)を決定することができる.

1 比重計法(JIS A1201 に準拠)

(1) 準備するもの

1) はかり:最小読み取り値 0.01 g 以下のもの(可能なら 0.001 g のもの).
2) 分散装置:撹拌器もしくは超音波分散器(図 6.1).
3) 比重計:比重 0.995-1.050 の範囲に 0.001 ごとに目盛があるもの(図 6.2).
4) メスシリンダー:1000 mL の容量で目盛付きのもの,250 mL 容量の

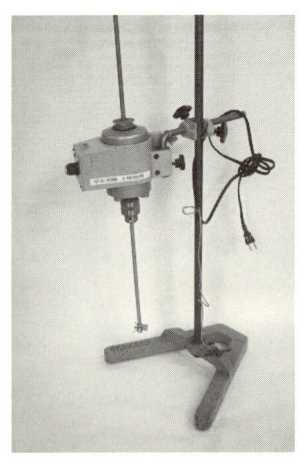

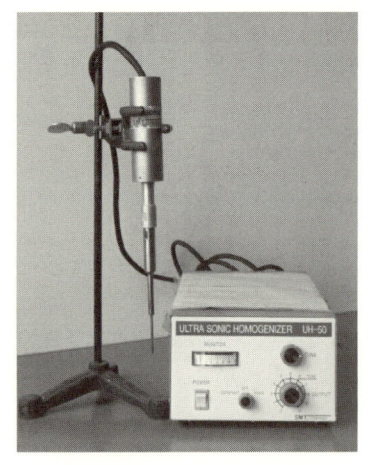

図 6.1 分散に使用する機器(左:撹拌器,右:超音波分散器)

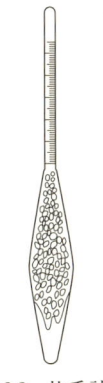

図 6.2 比重計[1]　　　　**図 6.3** 0.425 mm メッシュのふるい

もの.

5) 温度計：精度 1℃.
6) ふるい：2.0 mm メッシュおよび学生実験では 0.425 mm メッシュ（図 6.3）.
7) 恒温水槽：比重計試験の際に土の懸濁液を一定温度に保ちうるもの.
8) ビーカー：容積 400 mL 以上のもの.
9) 秤量缶・アルミ皿（中）・透明皿.
10) 湯せん器（図 2.3）.
11) 分散剤：ヘキサメタリン酸ナトリウム（別名カルゴン）.

（2）試料の準備

1) JIS A1201 改訂案を準用する．すなわち試験に必要な試料の質量は，2.0 mm ふるいを通過する空気乾燥（風乾ともいう）試料で，砂質土の場合 115 g，シルト質または粘土質土の場合 65 g 程度とする．
2) 粒度試験に用いる空気乾燥した全試料の質量 W_1 と，これを 2.0 mm ふるいを用いて残留部分と通過部分とに分け，通過部分の質量 W_2 を測り，通過部分の全体に対する割合 $P_{2.0}$ を求める．

---

[1] 文献 [16] より.

(3) 比重計定数の決定

1) 比重計の球部をメスシリンダーの中に浸してその体積 V_B を決定し，これに対応する球部の長さ L_2 を測る．
2) メスシリンダー（250 mL 容積）の断面積を測る．
3) 比重計の球部の上端から下記の目盛 (r_1) までの距離 (L_1) を測る．

$$1.000, \ 1.015, \ 1.035, \ 1.050$$

4) メニスカス（気液界面の屈曲のこと）補正 C_m は比重計を蒸留水に浸し，メニスカスの上下端双方における比重計の読みで決定する（図 6.4 参照）．
5) 比重計の水温による狂い (C_e) は 4) で測定した r_1 と表 6.1 の F 値を用いて

$$C_e = 1.000 - (r_1 + F) \tag{6.2}$$

で計算する．したがって，メニスカス補正と比重計補正を行った正しい比重計の読み r_2 は懸濁液における読み r を使って次式のようになる．

$$r_2 = r + C_m + C_e = r_1 + C_e \tag{6.3}$$

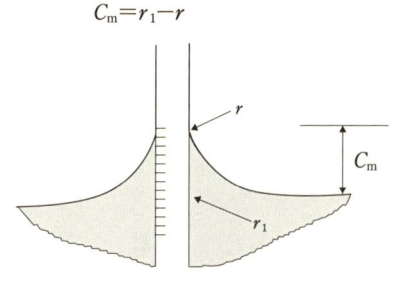

図 6.4 比重計のメニスカス測定[2]

---

2) 文献 [16] より．

[実験6] 土壌を構成する粒子の大きさを調べる——粒度試験　43

表6.1 さまざまな温度に対する補正係数 F の値

温度（℃）	補正係数 F	温度（℃）	補正係数 F
4	− 0.0006	18	+ 0.0004
5	− 0.0006	19	+ 0.0006
6	− 0.0006	20	+ 0.0008
7	− 0.0006	21	+ 0.0010
8	− 0.0006	22	+ 0.0012
9	− 0.0005	23	+ 0.0014
10	− 0.0005	24	+ 0.0016
11	− 0.0004	25	+ 0.0018
12	− 0.0003	26	+ 0.0020
13	− 0.0002	27	+ 0.0023
14	− 0.0001	28	+ 0.0025
15	0.0000	29	+ 0.0028
16	+ 0.0001	30	+ 0.0031
17	+ 0.0003		

この表では比重計の測定温度は 15℃である．
比重計ガラスの体膨張係数は 0.000025 とした．

（4）分散処理および測定

1) 2.0 mm ふるいを通過した風乾試料の 10-15 g を炉乾燥して含水比 ω を求める．
2) 2.0 mm ふるいを通過した風乾試料の中から試料を取り，その質量 W_3 を測る（砂質土では約 115 g，シルト質または粘土質土では 65 g 程度）．質量を測った後，次のいずれかの方法により分散させる．

分散法 A　塑性指数 20 未満（比較的さらさらした土）の場合
① 試料をビーカーに入れ完全に浸るまで蒸留水を静かに加えながら一様にかき混ぜる．
② それを 15 時間以上放置した後，ビーカーの内容物全量を分散装置の容器に移し，蒸留水を加えて全体を 700 mL にする．
③ 分散剤（ヘキサメタリン酸ナトリウム飽和溶液）を 10 mL 加え，内容物を分散装置で約 1 分間撹拌する．

分散法 B　塑性指数 20 以上（比較的ねばねばした土）の場合
① 試料をビーカーに入れて完全に浸るまで 6% 過酸化水素水 100 mL

を静かに加えながら一様にかき混ぜる．

② 時計皿でビーカーのふたをし，105℃の炉の中に入れて1時間後に取り出し，100 mLの蒸留水を加え，15時間以上放置した後，ビーカーの内容物全量を分散装置の容器に移し，蒸留水を加えて全体を約700 mLにする．

③ 分散剤（ヘキサメタリン酸ナトリウム飽和溶液）を10 mL加え，内容物を分散装置で約1分間撹拌する．

3) 分散後，内容物をメスシリンダー（1000 mL）に移し恒温水槽と同じ温度の蒸留水を全体が1000 mLになるまで加える．次にこのシリンダーを恒温水槽中に入れ懸濁液をしばしばガラス棒でかき回し，浮遊している粒子の沈降を防ぐ．そして懸濁液が水槽の温度と等しくなったときにシリンダーを取り出しシリンダーの口にふたをして1分間十分に振とうする．

4) この振とうの終わりの時刻を記録し，シリンダーを水槽中に置き，1分および2分後に比重計の値 r を読む．比重計はメニスカスの上端で0.0005まで読む．その後の読み取りは5, 15, 30, 60, 240, 1440分後とする．このとき，1, 2分の測定のみは比重計を入れたままで測定するが，その後の測定は浮ひょうをきわめて慎重に出し入れし，浮ひょうに付着した汚れもぬぐい取る．同時に恒温水槽に入れた温度計の値も読む．

5) 4)の操作後メスシリンダーの内容物を0.425 mmふるいの上で水洗し，ふるいに残った部分を透明皿に移して乾燥し質量 W_4 を測る．

（5） 計算方法

1) 2 mm以下の試料の炉乾燥質量 W_s は次式で求める．

$$W_s = \frac{W_3}{1 + 風乾土の含水比\ \omega}$$

2) 粗粒部分の百分率は次のようにして求める．2.0 mmふるいを通過す

る部分の風乾質量 W_2 と全試料の風乾質量 W_1 から，2.0 mm 以下の粒子の割合 $P_{2.0}$ を計算し，$1-P_{2.0}$ で求める．

3) 比重計の読みの補正：r の値から r_1，r_2 の値を求める．

$$r_1 = r + C_{\mathrm{m}}, \quad r_2 = r_1 + C_{\mathrm{e}}$$

4) 懸濁している粒子の最大直径は，(6.1)式を変形した次式から求める．

$$d = \sqrt{\frac{18\eta}{g(G_{\mathrm{s}} - G_T)\rho_{\mathrm{w}}} \frac{L}{t}} \quad \text{(MKS 単位系)} \tag{6.4}$$

$$d = \sqrt{\frac{30\eta}{980(G_{\mathrm{s}} - G_T)\rho_{\mathrm{w}}} \frac{L}{t}} = G \times \sqrt{\frac{L}{t}} \quad \text{(CGS 単位系)} \tag{6.5}$$

ただし，$G = \sqrt{\dfrac{30\eta}{980(G_{\mathrm{s}} - G_T)\rho_{\mathrm{w}}}}$ （表 6.2 参照） $\tag{6.6}$

ここに，

d：最大粒径（mm）

η：水の粘性係数（ポアーズ）

L：土粒子がある時間内に沈降する距離（cm）

t：沈降時間（分）

G_{s}：土粒子の比重（土粒子密度，実験 2 参照）

G_T：T℃の水の比重（実験 2，表 2.2 参照）

ρ_{w}：T℃の水の密度（g cm^{-3}）（実験 2，表 2.1 参照）

5) 有効深さ L は次式より求める（図 6.5 参照）．

$$L = L_1 + \frac{1}{2}\left(L_2 - \frac{V_{\mathrm{B}}}{A}\right) \tag{6.7}$$

ここに，

L_1：比重計球部の上端から軸上で読み取った点までの距離（cm）

L_2：比重計球部の全長（cm）

V_{B}：比重計球部の体積（cm^3）

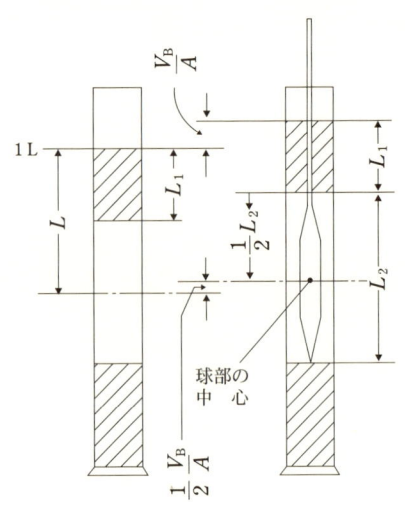

図 6.5 比重計の有効深さ算定の説明図[3]

A：メスシリンダーの断面積（cm^2）

6) 各読み取りに対して，深さ L において 1 mL 中に懸濁している土の百分率は次式から求める．

$$P = \frac{100}{\dfrac{W_s}{V}} \frac{G_s}{G_s - G_T}(r_2 - (1 - F)) \tag{6.8}$$

ここに，

P：懸濁して残っている土の百分率（試料の炉乾燥質量の％で表す）

W_s：炉乾燥試料質量（g）

V：懸濁液の体積（cm^3）

G_s：土粒子の比重

G_T：T℃の水の比重

r_2：比重計の読み（メニスカス補正と比重計補正をした比重計の読み）

F：補正係数（表 6.1）

---

3) 文献 [16] より．

[実験6] 土壌を構成する粒子の大きさを調べる——粒度試験

表 6.2 温度と土粒子の比重に対する G の値[4]

温度(℃)	土粒子の密度(g cm^{-3})								
	2.45	2.50	2.55	2.60	2.65	2.70	2.75	2.80	2.85
6	0.01763	0.01734	0.01706	0.01679	0.01653	0.01629	0.01605	0.01583	0.01561
7	0.01736	0.01707	0.01679	0.01653	0.01628	0.01604	0.01580	0.01558	0.01537
8	0.01710	0.01681	0.01654	0.01628	0.01603	0.01579	0.01557	0.01535	0.01514
9	0.01685	0.01657	0.01630	0.01604	0.01580	0.01556	0.01534	0.01513	0.01492
10	0.01661	0.01633	0.01607	0.01582	0.01557	0.01534	0.01512	0.01491	0.01471
11	0.01638	0.01611	0.01584	0.01559	0.01536	0.01513	0.01491	0.01470	0.01450
12	0.01615	0.01588	0.01562	0.01538	0.01514	0.01492	0.01470	0.01450	0.01430
13	0.01593	0.01566	0.01541	0.01517	0.01494	0.01471	0.01450	0.01430	0.01411
14	0.01572	0.01545	0.01520	0.01496	0.01473	0.01452	0.01431	0.01411	0.01391
15	0.01551	0.01525	0.01500	0.01476	0.01454	0.01432	0.01412	0.01392	0.01373
16	0.01530	0.01505	0.01480	0.01457	0.01435	0.01413	0.01393	0.01374	0.01355
17	0.01511	0.01485	0.01461	0.01438	0.01416	0.01395	0.01375	0.01356	0.01337
18	0.01492	0.01467	0.01443	0.01420	0.01398	0.01378	0.01358	0.01339	0.01321
19	0.01473	0.01449	0.01425	0.01403	0.01381	0.01361	0.01341	0.01322	0.01304
20	0.01456	0.01431	0.01408	0.01386	0.01365	0.01344	0.01325	0.01307	0.01289
21	0.01438	0.01414	0.01391	0.01369	0.01348	0.01328	0.01309	0.01291	0.01273
22	0.01421	0.01398	0.01375	0.01353	0.01333	0.01313	0.01294	0.01276	0.01258
23	0.01405	0.01381	0.01359	0.01337	0.01317	0.01297	0.01279	0.01261	0.01244
24	0.01389	0.01365	0.01343	0.01322	0.01302	0.01282	0.01264	0.01246	0.01229
25	0.01373	0.01350	0.01328	0.01307	0.01287	0.01268	0.01250	0.01232	0.01215
26	0.01357	0.01335	0.01313	0.01292	0.01272	0.01254	0.01236	0.01218	0.01202
27	0.01342	0.01320	0.01298	0.01278	0.01258	0.01240	0.01222	0.01205	0.01188
28	0.01328	0.01305	0.01284	0.01264	0.01245	0.01226	0.01209	0.01192	0.01176
29	0.01314	0.01292	0.01271	0.01251	0.01232	0.01213	0.01196	0.01179	0.01163
30	0.01300	0.01278	0.01257	0.01238	0.01219	0.01201	0.01183	0.01167	0.01151
31	0.01287	0.01265	0.01245	0.01225	0.01206	0.01189	0.01171	0.01155	0.01139
32	0.01274	0.01253	0.01232	0.01213	0.01194	0.01177	0.01160	0.01144	0.01128
33	0.01261	0.01240	0.01220	0.01201	0.01183	0.01165	0.01148	0.01132	0.01117
34	0.01249	0.01228	0.01208	0.01189	0.01171	0.01153	0.01137	0.01121	0.01106
35	0.01237	0.01216	0.01196	0.01177	0.01159	0.01142	0.01126	0.01110	0.01095

7) 全試料に対する質量百分率はこれらの値に次式を乗じて求める.

$$P_{2.0} = \frac{W_2}{W_1}$$

---

4) 文献 [16] より.

8) 0.425 mm ふるいに残留した炉乾燥質量 W_4 の質量百分率を 2.0 mm ふるいを通過した試料の炉乾燥質量に対して求める．
9) 全試料に対する質量百分率を 7)と同様に求める．

（6） 結果の整理

1) 粒径加積曲線

　土粒子の百分率を片対数用紙に記入して土の粒径加積曲線を描く．図 6.6 に粒径加積曲線の例を示す．

2) 粒径分布のまとめと土性の判定

　粒径加積曲線から読んだ次の質量百分率を報告する．

　2.0 mm 以上（礫）

　2.0-0.425 mm（粗砂）

　0.425-0.075 mm（細砂）

　0.075-0.005 mm（シルト）

　0.005 mm 以下（粘土）

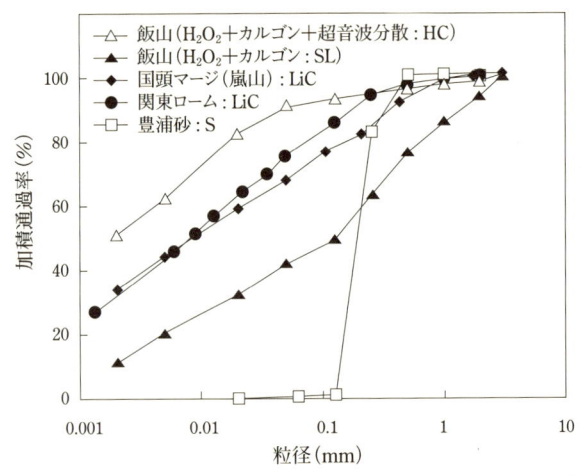

図 6.6　粒径加積曲線の例（図中の英字は土性記号（図 6.8 参照））

[実験6] 土壌を構成する粒子の大きさを調べる——粒度試験　49

2 ピペット法

(1) 準備するもの

1) 電子天秤：最小読み取り値 0.001 g 以下のもの．
2) 攪拌機または，超音波分散器．
3) 試料採取用ピペット装置：容量 10 mL の採取用ピペット．ホールピペットを利用した簡便なものもある（図 6.7）．
4) 広口びん：容量 500 mL の目盛付きでゴム栓も必要．
5) ふるい：2.0 mm，0.2 mm のもの．
6) 試薬類：6% 過酸化水素水，0.4 N ヘキサメタリン酸ナトリウム（別名カルゴン）溶液（40.8 g L^{-1}）．
7) その他：ビーカー，磁皿もしくはアルミ皿（小，中），秤量缶それぞれ必要数．
8) 噴射びん．
9) 湯せん器（図 2.3 参照）．

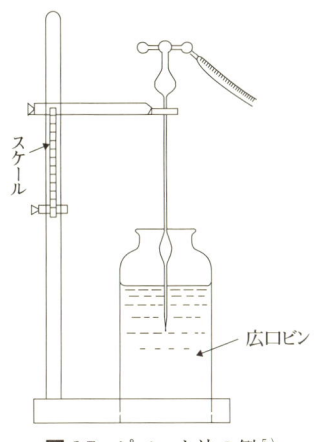

図 6.7　ピペット法の例[5]

---

5) 文献 [16] より．

10) 恒温乾燥炉（105℃）．
11) ポリスマン（ガラス棒で代用可）．
12) 温度計．
13) 角バット．
14) 秤量缶．

（2） 試料の準備

空気乾燥土で2.0 mm ふるいを通過したもののよく混じったところから約 20 g 取る．試料を2分して1つを含水比測定のために用いる．

（3） 分散処理および測定

1) 過酸化水素による有機物の分解：粒度試験のために選んだ試料の残りの質量（W_1）を測り，供試土量とする．試料を容量 500 mL のビーカーに入れ，6% 過酸化水素水を 50 mL 加えながら一様にかき混ぜる．これを湯せん上で加熱すればただちに有機物と反応して激しく発泡する．ときどきかき混ぜながら発泡を見なくなるまで過酸化水素水を追加する．土色が褐色ないし灰色になるまで有機物の分解を行う．

2) 粗砂のふるい分け：有機物の分解が完了した試料は角バット上の 0.2 mm ふるいの上で水洗し，ふるいに残った部分を噴射びんで水を吹き付けながらアルミ皿（中）に移し，次に土をこぼさないようにアルミ皿（小）に移して乾燥し質量（W_2）を測定する．

3) 分散：0.2 mm ふるいを通過した角バットの懸濁液を広口びん中に移し 0.4 N ヘキサメタリン酸ナトリウム溶液 20 mL と蒸留水を加えて全溶液を約 300 mL とする．これを攪拌機で 10 分間かき混ぜる．その後 500 mL の目盛まで蒸留水を加える．

4) ピペット分析：ストークスの式(6.1)より水温，土粒子密度（真比重）から各粒径の採取時間を決めておく．広口びんにゴム栓をして1分間十分に振とうする．この振とうの終わりの時間を記録し広口びんを静置する．0.02 mm の所定の採取時間がきたら，手早く 500 mL の目盛から 5

cm 下の位置より懸濁液 10 mL を秤量缶に採取する．秤量缶中の採取液は乾燥炉で乾燥させて秤量する．一方，採取の終わった広口びんは再びこれを1分間十分に振とうし 0.002 mm の採取時間がくるまで放置しておき，その時刻がきたら前と同様に採取し秤量する．採取する際，水面は採水するごとに少しずつ低下するので採水位置はそのときどきの水面から測って 5 cm でなければならない．また，炉乾燥後の秤量缶の質量には，土に加えてヘキサメタリン酸ナトリウムの実重が加味されているので，その値を差し引く必要がある．

採取時間はストークスの式から

$$t = \left(\frac{G}{d}\right)^2 \times L (分) \quad (採取時間) \qquad (6.9)$$

で与えられる．ただし，d は対象とする粒子の径（mm），L は採取深さ（cm）を表す．

$L = 5$ cm，$d = 0.02$ mm のとき，$t = G^2 \times 1.25 \times 10^4$
$L = 5$ cm，$d = 0.002$ mm のとき，$t = G^2 \times 1.25 \times 10^6$

となる．
注意：G は土粒子密度試験の値と試験時の水温から表 6.2 を用いて求める．

（4） 計算方法

1) 試料の炉乾燥質量（W_s）は空気乾燥土の質量（W_1）から次のように求める．

$$W_s = \frac{W_1}{1+\omega} \qquad ただし，\omega は空気乾燥土の含水比$$

2) 面下 5 cm で採取した懸濁液の炉乾燥質量をそれぞれ W_i とすれば，

$$ピペット採取した土の濃度 = \frac{W_i}{V_0}$$

$$\text{全試料の濃度} = \frac{W_s}{V}$$

で求められる．ここで，$V_0 = 10$ mL，$V = 500$ mL とすると，ピペット採取した土の全試料に対する割合（X_i：％）は，

$$X_i = \frac{W_i}{V_0} \div \frac{W_s}{V} \times 100 = \frac{W_i}{W_s} \times 5000$$

で表される．ここで，

$\quad X_1 = 0.002$ mm 以下の粒子の百分率

$\quad X_2 = 0.02$ mm 以下の粒子の百分率

$\quad\quad = (0.02\text{-}0.002\text{ mm}) + 0.002\text{ mm}$ 以下

$\quad$粘土（0.002 mm 以下）の百分率 $= X_1$

$\quad$微砂（0.02-0.002 mm）の百分率 $= X_2 - X_1$

である．

3) 粗砂（2.0-0.2 mm）の百分率は手順（3）の2）により0.2 mm ふるいに残った部分の質量 W_2 を W_s で除して100を乗じて求める．

4) 細砂（0.2-0.02 mm）の百分率は粘土，微砂，粗砂の百分率の合計を100より差し引いて求める．

（5） 結果の整理

1) 粒径加積曲線

   土粒子の百分率を片対数用紙に記入して土の粒径加積曲線を描く．

2) 粒径分布のまとめ

   2.0-0.2 mm（粗砂）　⎫
   0.2-0.02 mm（細砂）　⎬ sand
   0.02-0.002 mm（微砂）　silt
   0.002 mm 以下（粘土）　clay

3) 三角座標による土性の判定

   細砂と粗砂の合計値を砂として，シルト，粘土の値と合わせて土性を三

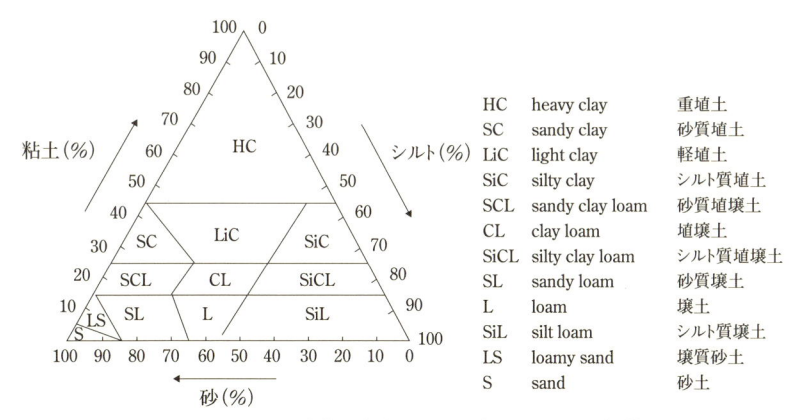

HC	heavy clay	重埴土
SC	sandy clay	砂質埴土
LiC	light clay	軽埴土
SiC	silty clay	シルト質埴土
SCL	sandy clay loam	砂質埴壌土
CL	clay loam	埴壌土
SiCL	silty clay loam	シルト質埴壌土
SL	sandy loam	砂質壌土
L	loam	壌土
SiL	silt loam	シルト質壌土
LS	loamy sand	壌質砂土
S	sand	砂土

図 6.8 国際土壌科学会法による三角座標と土性名[6)]

角座標から求める．国際土壌科学連合および日本農学会が採用している三角座標を図 6.8 に示す．たとえば，粒径分布の測定結果において粘土30%，シルト30%，砂40%であったとすると，図6.8においてLiCの中心付近にプロットされる．このとき，この土壌の土性名を軽埴土（LiC）と決めることができる．なお，三角座標では，礫（2 mm以上）成分は評価に用いる．

3 留意事項

（1） 試料準備段階では風乾処理に注意を要する．通常，採取してきた土壌を実験室内でバットに薄く広げ，空気との接触面積をできるだけ大きくとる．乾燥しにくい土壌である場合は，小型のハンディ扇風機を設置し，土壌表面に弱風を当てることも推奨される．これは，2.0 mmふるいを通過する土壌を正しく確保するためである．風乾が不十分であると，2.0 mm以下の粒子が集合して団粒を形成し，2.0 mmふるいを通過でき

6） 文献［16］より一部改変．

ない画分が過大に残留する結果を生み，誤差の要因になる．また，火山灰土では，逆に，乾燥することで団粒の分散が抑制されることが報告されており，このような土壌では，風乾せずに供試することが望ましい．加水して練り，目の細かいふるいで裏ごししたものを供試することもある．

（2） 比重計法では分散法 A と分散法 B が示され，ピペット法では過酸化水素による有機物の分解と，ヘキサメタリン酸ナトリウム溶液添加攪拌の手順が示されている．どちらも土壌の十分な分散を行うためである．分散の目的と手順をよく理解しておくこと．

（3） ピペット法で，所定の時間に懸濁液 10 mL 採取後，再振とうせずそのまま連続的に 0.02 mm，0.002 mm 相当の粒子を採取することもある．この場合は，懸濁液採取時に沈降を攪乱しないように細心の注意を払うこと．

（4） ピペット法で $d = 0.05$ mm，0.02 mm，0.005 mm，0.002 mm について採取するとより精度の高い粒径加積曲線が得られる．

（5） 粒径加積曲線は，実験で得られたグラフ上の離散点を曲線で結ぶことによって得られる．これは，離散点の曲線近似を行っていることになるので，目視で近似するだけでなく，適当な近似法を用いて滑らかな曲線を作製できる場合は，その方法を試みてもよい．

（6） 適当な分散剤が入手困難な場合は，水酸化ナトリウム溶液を用いて pH を高く（>9）すると分散が促進されることが多い．

楽しい10のなるほど実験2
泥水をきれいにする

　浄水場の凝集沈殿池では，濁った水に塩を加えることで濁りを消そうとする．また，海に流れ出る川の水が河口に至るまで泥で濁っていることがあるが，海に流れ込んだとたん濁りが消えていくことを，しばしば飛行機から目撃する．これらに共通していることは，泥水の濁りが塩によって消えるということである．では，濁りはなぜ塩によって消えるのだろうか．この実験は，水の濁りが消える現象が塩の種類や濃度などによって影響を受けることを確かめると同時に，その原因が水中に浮遊する粘土粒子の分散現象と凝集現象に支配されていることを，視覚的に確認する目的で行う．なお，塩の水溶液を電解質溶液，その濃度を電解質濃度，粘土が分散状態から凝集状態に移行するときの電解質濃度を凝集濃度，と表記する．

1 準備するもの
1) 粘土（市販のカオリナイト（陶土）やベントナイトまたは，自然の粘性土）．
2) 蒸留水（もしくは，純水，脱イオン水）．
3) ふた付きポリびん（250 mL から 500 mL 程度の容量）．
4) 塩化カルシウム，塩化ナトリウム．
5) 水酸化ナトリウム溶液（$0.001\ \mathrm{mol\ L^{-1}}$）．
6) 乳鉢もしくはアルミ皿とゴムヘラ．
7) EC 計（もしあれば pH 計）．
8) 50 mL 程度のポリプロピレン遠沈管（もしくは適当な大きさの試験管）．
9) 500 mL から 1 L 程度の容量のメスシリンダー．
10) 容量 5-20 mL 程度のメカニカルピペットもしくはメスピペット．

2 実験
（1）懸濁液の準備
1) 粘土（5 g 程度）もしくは土壌（50 g 程度）に水を加え，乳鉢の中でよく練る．滑らかになったら，水を加えさらに練り，溶液状にし，メスシリンダーに流し込み，500 mL 程度まで水を加えよく振る．

2) 30分ほど静置して，上澄み（沈降界面）ができないことを確認する．
3) もし，上澄みができてしまう場合は，0.001 mol L^{-1}水酸化ナトリウム溶液を1滴入れてから2)をくり返す（上澄みができなくなったときのpHとECを測定して記録しておくと，次回以降，懸濁液の調製の参考になる）．過剰に水酸化ナトリウム溶液を加えると，pHを高くする効果よりも，電解質濃度を高くする効果が卓越し，上澄みが生じて懸濁が不十分になることがある．水酸化ナトリウム溶液を加えても上澄みが生じる場合は，1日程度放置して，上澄み部分を除去し，その分，蒸留水を加えてみる．
4) もう一度よく攪拌し，静置する．4時間後，水面から深さ4.5 cmまでの懸濁液をサイホンなどで静かに分取し，ふた付きポリびんに保存する．
5) ポリびんから一定量（5-25 mL程度）採取し，アルミ皿に入れて炉乾燥する．炉乾燥後の固体質量からポリびん内の粘土濃度を計算する（粘土濃度＝固体質量/採取懸濁液量）．

(2) 分散凝集実験
1) ポリびんに保存している懸濁液が安定して分散しているかどうか確認する．上澄みができている場合，ECを測定する．ECがあまり高くない場合（たとえば，1 dS m^{-1}以下）は，0.001 mol L^{-1}の水酸化ナトリウム水溶液を1滴加えてよく振り，分散するかどうか30分ほど様子を見る．これを安定して分散するまでくり返す（安定して分散したときのpHとECを測定して記録しておくと，次回以降，懸濁液の調製の参考になる）．
2) 遠沈管に40 mLのときに粘土濃度が1-5 g L^{-1}になるように懸濁液を入れる．
3) 10 mmol L^{-1}の塩化カルシウム溶液または塩化ナトリウム溶液を1滴加えた後に蒸留水を加えて総量40 mLにする．
4) 2)について，加える滴数を段階的に増やした試料を作る．
5) 15-30分後に図1の左から2本目の試験管のようにきれいな上澄みができる遠沈管が凝集濃度に達しているものである．この塩沈管から懸濁液を採取し，EC計で電気伝導度を測定する．
6) 実験11を参考に，溶液濃度を算出する．これが凝集濃度である．表1に，3種類の異なる粘土に関する凝集濃度の例を示す．なお，10 mmol L^{-1}溶液を10滴入れても凝集しないような場合は，塩溶液の濃度を50 mmol L^{-1}にする．逆に1滴で凝集する場合は，加える塩溶液を1 mmol L^{-1}にする．

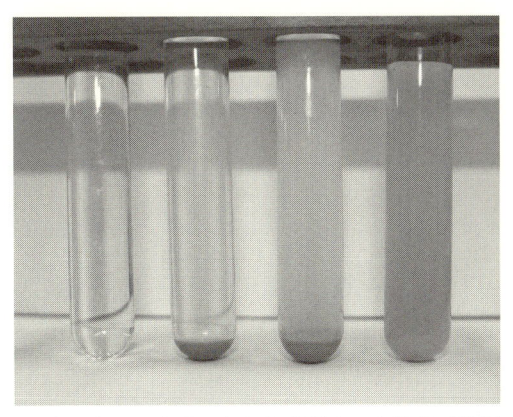

図1 濁った水ときれいな水．左から蒸留水，高濃度（凝集），中濃度（凝集），低濃度（分散）

表1 粘土鉱物，塩の種類と凝集濃度（mmol L^{-1}）の例[1]

粘土鉱物	凝集濃度（mmol L^{-1}）	
	NaCl	CaCl$_2$
カオリナイト	5.0 (pH=7)	0.4 (pH=7)
アロフェン	13-26 (pH 5.4-6.3)	8.7-20 (pH 5.9-6.5)
モンモリロナイト	7-20	0.13-0.5

3 解説

　一般にpHが高いほど，高い凝集濃度を示す．また，陽イオンの価数が高いと凝集しやすくなるので，1価の陽イオン（Na, K）に比べると，2価（Ca, Mg）や3価（Al）のイオンは低塩濃度で凝集を呈する．

1) 足立泰久，岩田進午編著（2003）『土のコロイド現象』，学会出版センター．

[実験7]
土壌の水分保持力を測る
——保水性試験

　自然界の水は，正，負，または0のポテンシャルエネルギーをもっている．ここでは，位置のポテンシャルエネルギーは除外する．なぜなら，位置のポテンシャルエネルギーを含む議論は，水の状態を比較するには不向きだからである[1]．以下，慣例にしたがい，ポテンシャルエネルギーを単純にポテンシャルと書くことにする．重要なことは，通常，土壌水は負のポテンシャルを有している，ということである．

　正のポテンシャルをもつ水は，たとえば密閉された容器中で圧縮力を受けた水を想定すればよい（図7.1(a)）．遠心力で振り回されている水も，正のポテンシャルを有している．ポテンシャル0の水とは，大気圧と平衡している水のことであり，容器に入れられて大気と接している水（図7.1(b)）はその典型である．自由地下水や池の水においては大気と接している箇所でポテンシャル0である．これらの水は気液境界に対して深さが増すとともに正のポテンシャルが増す（すなわち静水圧を示す）．これらに対し，不飽和状態の土壌水は，微細な土粒子に強く，または弱く拘束されているので，ポテンシャルが0より低く，負の値をもつのである（図7.1(c)）．より強く拘束されている土壌水のポテンシャルは，より低い．土壌に拘束されている水のポテンシャルがなぜ低いのか，という議論は土壌物理学の専門書に譲り，本

1）水の運動を考えるときは，位置のポテンシャルエネルギーは決定的に重要になるので，省略はできない（実験8，実験13参照）．

[実験7] 土壌の水分保持力を測る——保水性試験

荷重　水マノメータ

(a) 正圧の水
（水のポテンシャルは正）

(b) 大気圧と平衡する水
（水のポテンシャルは0または正）

(c) 土壌水
（不飽和のとき，水のポテンシャルは負）

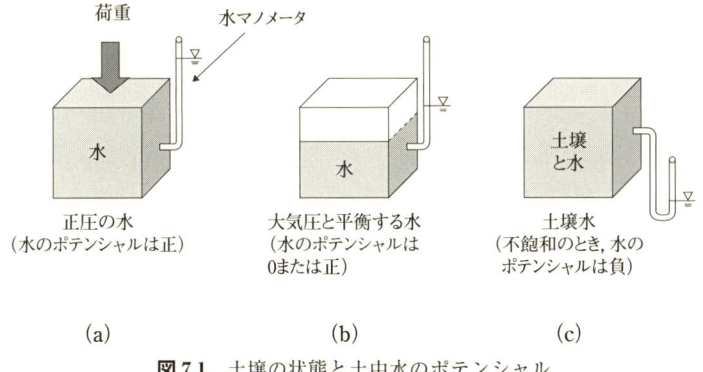

図7.1 土壌の状態と土中水のポテンシャル

書では，土壌水のポテンシャルをどのように測定するか，また，その測定結果をどのように土壌の保水性として表現するのか，という2つの視点から，実験の手順を解説する．

　土壌水のポテンシャルは，土壌構造（matrix）に強く依存するので，土と水の相互作用によるこのようなポテンシャルを，matrixをもじってマトリックポテンシャルと呼びϕ_mで表す．

　土壌水のポテンシャルの単位は単位質量あたりのポテンシャル（質量基準）表示（J kg^{-1}）と単位体積あたり（体積基準）のポテンシャル表示（J m^{-3}）のものがある．後者は，圧力単位（Pa）で表すことと同一であり，多用される．このことは，単位系の換算

$$\mathrm{J\,m^{-3}=(N\,m)\,m^{-3}=N\,m^{-2}=Pa}$$

によって容易に確かめられる．さらに実用性が高い単位として，水の単位重量あたりのポテンシャル表示（mまたはcm）がある．すなわち，単位質量あたりのポテンシャル表示（J kg^{-1}）を重力加速度g(m s^{-2})で割った値（m）である．慣行的には，これを水頭値（mH$_2$OまたはcmH$_2$O）と表示して，水のヘッド（圧力水頭）であることを明示する．

　ところで，前述したように，どの単位系を用いるにしても，土壌水のポテンシャルは負の値なので，議論の場で用いる用語としては不便である．そこ

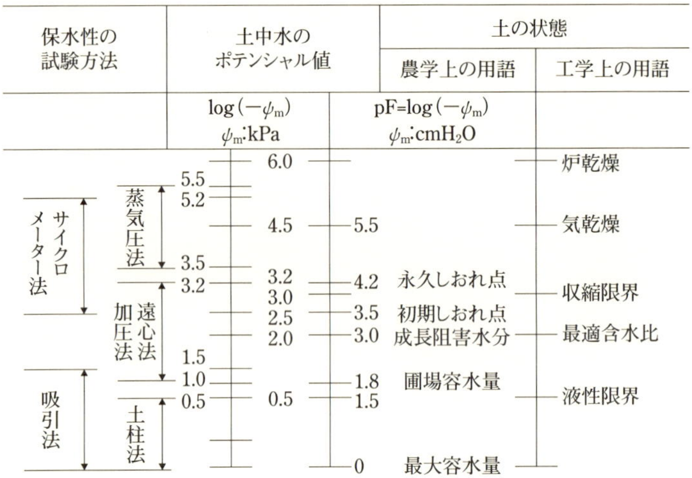

図 7.2 土中水のマトリックポテンシャル（ψ_m）と土の状態，保水性測定法[2]

で，マトリックポテンシャルの水頭値における負号を省略し，数値だけを取り出したものをサクションと呼ぶ．10 cm のサクションといえば，-10 cmH$_2$O のマトリックポテンシャルと同義であり，500 cm のサクションといえば，-500 cmH$_2$O のマトリックポテンシャルと同義である．10000 cm のサクションもある．しかし，このように桁の大きな数値を扱うことは誤差を招きやすいので，サクションを常用対数で表し，これを pF と呼ぶ．p は対数，F は自由エネルギーの意である．サクションを h(cm) で表せば，

$$pF = \log_{10} h \tag{7.1}$$

となる．

　土壌の含水量と土壌水のマトリックポテンシャルの関係を表すものが水分特性曲線である．水分特性曲線を得るための測定を一般に保水性試験と呼ぶ．通常，いくつかのマトリックポテンシャル値に対する土壌水分を求めて，水

2）文献 [5] より一部改変．

分特性曲線を作成する．

pF 0-7 の全領域の水分特性曲線を作成するためには，複数の測定方法を使用する必要がある．図 7.2 は，pF 0-7 の全領域において，各 pF レベルに対応する土の状態について，農学用語と工学用語をまとめて示している．

本書では，低 pF 段階でよく用いられる吸引法の中でも水頭差によってサクションを与える（水頭型）吸引法と，加圧法の 1 種である加圧板法を解説する．

1 吸引法（水頭型）

（1）準備するもの

1) 焼結ガラス（または素焼き）フィルターのついた吸引法装置（図 7.3 参照）．
2) ビニール管，コック，マリオット管．
3) ビュレットまたはメスシリンダー：排水量測定用．

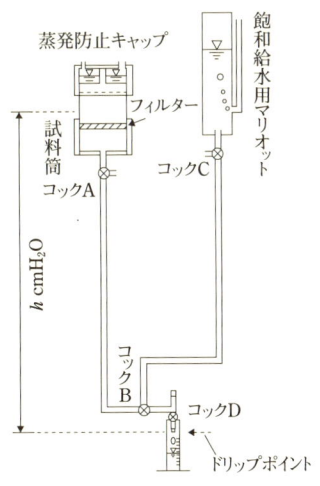

図 7.3 吸引法装置の例 [3]

---

3) 文献 [16] より．

4) はかり：最小読み取り値が 0.01 g のもの．
5) 真空ポンプ．
6) 試料容器：加圧減圧時に変形しないような円筒を使うことが多い．たとえば，100 cm³ 円筒サンプラーでかまわない．
7) 実験用スタンド．

（2） 試料の準備
1) 不攪乱土の場合：試料を整形し，体積，質量を測定する．
2) 攪乱土の場合：含水比を測定し，所定の乾燥密度と体積で試料容器に詰めるために必要な湿潤土量を用意し，試料容器に所定の乾燥密度で試料を詰める．

（3） 測定方法
1) 試料の設置と飽和
   ① 試料をフィルターの上に置いて密着させる．
   ② コック A，B，C（図中）を連続させてマリオット管を用いて試料に給水し，一昼夜飽和させる．
2) 排水と測定
   ① コック C を閉じてマリオット管をチューブから切り離す．このとき，排水パイプ先端のドリップポイントのコック D は閉じていることを確認する（マリオット管のない場合は省略）．
   ② チューブ先端のドリップポイント（これを基準水面とする）を所定の高さに下げてからコック D を開放し，フィルターに負圧をかけ排水させる．排水量はビュレットで測定する．このとき，試料中心からドリップポイントまでの距離を cmH$_2$O 換算の負圧と見なす．
3) 含水量の測定
   ① 設定したサクションで平衡状態に達して排水が止まったら，コック A を閉じてから試料を取り出し，湿潤質量の測定を行う．
   ② 質量測定後，試料をフィルター上に戻し所定の値にドリップポイン

トを下げてからコックAを開放し，次の段階の大きさの負圧をかけて排水させる．
③ 予定したいくつかのサクションすべてについて質量測定が終了するまで①②をくり返す．
④ 最終設定サクションと平衡したら，湿潤質量を測定した後，炉乾燥し，乾燥質量を計量する．
⑤ 乾燥質量と各サクションと平衡したときの湿潤質量から，各サクションに対応する含水比を計算する．
⑥ 乾燥質量から乾燥密度を計算し，含水比に乗じて体積含水率を求める．

(4) 結果の整理

サクションと体積含水率（または体積含水率を乾燥密度で除した含水比）について作図（水分特性曲線）を行う．

2 加圧板法

水で飽和した素焼き板でできた加圧板に土壌試料を密着させ水理的に連続させる．これに空気圧を加えると，その空気圧と平衡するマトリックポテンシャルよりも大きなポテンシャルで保持されている土壌水は，素焼き板→排水孔→耐圧チューブ→ビュレットという経路を経て加圧板装置外へ排水される．空気圧を段階的に変えることによって，各マトリックポテンシャルに対応した水分保持量を測定できる．通常，加圧板法で測定できるのはおおよそ $-100\ \mathrm{cmH_2O}$（pF=2.0）から $-15000\ \mathrm{cmH_2O}$（pF=4.2）の範囲である．

(1) 準備するもの

1) 加圧板装置：加圧ポンプ，圧力調整器，加圧チャンバー，加圧板（図7.4参照）．
2) メスシリンダー，ビーカー：排水容器として目盛のあるもの．

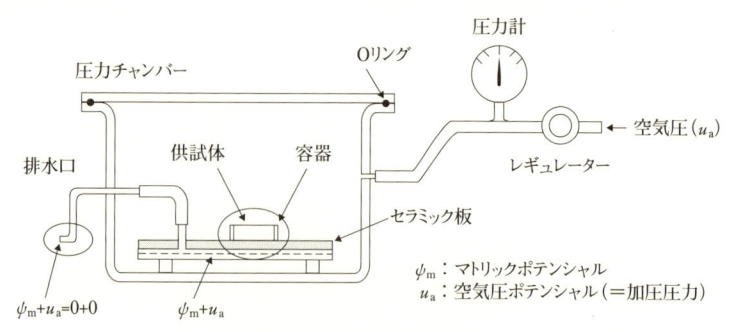

図 7.4 加圧板装置の例 [4]

3) はかり：最小読み取り値 0.01 g 以下のもの．
4) 試料容器：加圧時に容積の変化がない円筒．たとえば，内径 5 cm の金属リングで厚さ 2 cm 程度の薄いものが，平衡に達する時間が比較的短いとされ用いられることが多い．
5) 恒温乾燥炉（105℃）．

（2）試料の準備

1) 不攪乱土の場合：試料を整形し，体積，質量を測定する．
2) 攪乱土の場合：含水比を測定し，所定の乾燥密度と厚さで試料容器に詰めるために必要な量の試料を用意し，試料容器に所定の乾燥密度で詰める．
3) 試料を加圧板の上に置いて水を周囲に加え，湛水した状態で一晩放置し，十分に毛管飽和させる．

（3）測定方法

1) 加圧板表面に 2 cm 程度湛水し一昼夜十分に水分飽和させる．
2) 一時排水した加圧板に試料をのせて，再び水を加え湛水させ試料の毛管飽和と水の連続性を確保する．一晩程度放置しておく．

---

4) 文献 [6] より．

3) 飽和作業終了後，耐圧チューブなどの接続を確認する．
4) 所要の pF 値に相当する圧力を圧力計を見ながら設定する．
5) 所定の圧力で排水が完了するまで水量をメスシリンダーなどで測定する．
6) 排水がなくなったらレギュレーターと加圧チャンバーとの間にあるバルブを閉じた後に，チャンバー内の開放弁を開けて内部の圧力を大気圧にもどす．
7) 試料容器とともに取り出し，質量を測定する．
8) 圧力を高くしながら順次 3)-7) をくり返し，測定を行う．
9) 予定した最終圧力（または pF）の測定終了後，試料を 105℃で炉乾燥して炉乾燥試料の質量を測定し，所定の pF 値と平衡したときの湿潤質量を用いて各 pF 値に対応する含水比，体積含水率を算出する．

(4) データの整理

サクション（または pF）と体積含水率または含水比についての作図を行う．図 7.5 に土の水分特性曲線の例をいくつか示す．

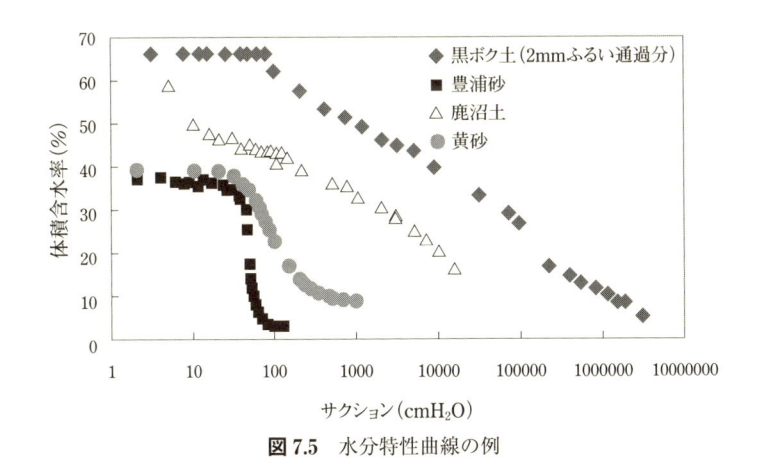

図 7.5 水分特性曲線の例

3 留意事項

(1) 土壌の水分特性曲線は，一般にヒステリシス（履歴現象）という性質をもっている．本書は飽和した土壌から排水していく過程を測定しているので，得られた曲線を排水曲線（drying curve），または排水過程の水分特性曲線と呼ぶ．これに対し，乾燥状態から徐々に水分を増加させて得られる水分特性曲線を吸水曲線（wetting curve），または浸潤過程の水分特性曲線と呼ぶ．ヒステリシス効果の大小は，土壌によって異なる．

(2) サクションが0のときの体積含水率は毛管飽和体積含水率であり，理論的には土壌の間隙率と等しくなければならない．しかし，通常，毛管飽和体積含水率の値は，間隙率の値より数％から10％程度小さくなる．これは，封入空気の存在などが原因であるため，測定誤差と呼ぶべきでない．水分特性曲線を描く場合，サクション0時の飽和体積含水率を無理に間隙率の値と等しくなるようにすると，ゆがんだ曲線になるので，避けるべきである．封入空気は自然界の土壌中でも存在するので，実験報告では毛管飽和体積含水率と間隙率を併記することが望ましい．なお，加圧して封入空気をつぶしたり，真空条件やCO_2ガス代替法などを用いて人為的に封入空気を排除してサクション0の飽和体積含水率を与えた土壌を完全飽和土壌と呼び，毛管飽和土壌と区別することがある．

(3) 水分特性曲線は，縦軸に体積含水率，横軸にマトリックポテンシャル（またはサクション）を書く場合と，逆に，縦軸にマトリックポテンシャル（またはサクション），横軸に体積含水率をとる場合とがあり，優劣はない．本書は前者の方法をとる．

(4) 土壌水分量については，水分量によって土壌が著しく収縮したり膨潤したりする場合，体積含水率で水分量を表示する意味が失われるので，含水比で表現せざるを得ない．膨潤性の粘土を測定対象とする場合は，含水比を用いることが多くなる．

楽しい 10 のなるほど実験 3
触って感じる土の水分ポテンシャル

　昔から,「水は低きに流れる」という.自然の法則には逆らえない,という意味である.では,ここに湿った砂と湿った黒ボク土があるとしよう.2つの土をぴったり接触させたら,それぞれの内部に含まれている水はどちらへ向かって流れるだろうか?

　答えは「ほとんどの場合,砂→黒ボク土へ」である.同一体積中の水分量は明らかに黒ボク土のほうが多いのに,なぜ砂から黒ボク土へ流れるのか,なぜ「水は低きに流れる」ことにならないのか.その答えを体感してみよう.

1 準備するもの
1) 砂(豊浦砂や川砂など粘土分を含まない細砂)と黒ボク土,または,粘性土(水田の作土など).いずれも,概略でかまわないので,保水性がわかるようなものがよい.
2) ジップ付きのビニール袋(ユニパックやジップロックなど).

2 手順
(1) 試料の水分調整
1) 砂を含水比(水の質量/炉乾燥土の質量)で 5-10% に調整する(留意点:容器に入れて揺らしても砂の表面に水が浮いてこないような水分).
2) 黒ボク土を含水比で 70-100% 程度に,粘性土であれば,含水比 20% から 30% 程度に調整する(留意点:片手にもって握って固まりになるかならないか程度).
3) それぞれをジップ付きの小袋にいれて密封し,準備する.
4) 砂,黒ボク土,粘性土の含水比を測定する(実験 4 参照).

(2) 実施
1) 砂と黒ボク土の小袋それぞれについて,ジップを開けて触れる.
2) どちらの土が湿っているように感じるか,各自が答えをもつ.

3 解説

触れたときに土試料が冷たく感じるのは，試料から肌へ水が動き，肌から水が蒸発して蒸発潜熱分温度が低下したためである．また，乾いた感じがするのは肌の水分が試料に吸われたためである．たいてい，黒ボク土は乾いた感触を与え，砂は湿った感触を与えるが，含水比を測定してみると，黒ボク土が砂試料の数倍の水を保持している．この感触を確かめた場合，黒ボク土中の水のマトリックポテンシャルが低く，砂のマトリックポテンシャルが高いと考えてよい（図7.5参照）．

図1は，体積含水率20%の砂と50%の黒ボク土を接触させたときの状態を模式的に表している．このとき，砂中の水のマトリックポテンシャルはおよそ$-30\,\mathrm{cmH_2O}$（$-3\,\mathrm{J\,kg^{-1}}$），黒ボク土中の水のマトリックポテンシャルはおよそ$-1000\,\mathrm{cmH_2O}$（$-100\,\mathrm{J\,kg^{-1}}$）なので，砂から黒ボク土へ，すなわちマトリックポテンシャルの高いほうから低いほうへ水が流れる．水分量の少ない砂から水分量の多い黒ボク土へと水が移動することは，一見矛盾しているように思われるが，実は自然の法則にしたがっていたのである．

砂	黒ボク土
体積含水率 約20%	体積含水率 約50%
水分量が少ない	水分量が多い
湿った感触	乾いた感触
水の移動方向 →	
ポテンシャルが高い	ポテンシャルが低い

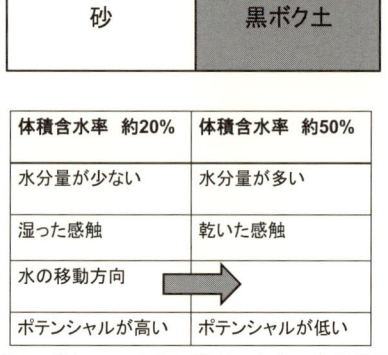

図1 接している砂と黒ボク土中の水分状態

4 その他

指のかわりにろ紙を使用してもかまわない．また，同じ土で水分量を変えて行うこともできる．

楽しい 10 のなるほど実験 4
サクションを体感する

　海やプールで水に潜ると，容易に正圧（大気圧を 0 とし，それ以上の水圧を正圧と呼ぶ）を体感することができる．ところが，大気圧以下の水圧，すなわち負圧（サクション，吸引圧などとも呼ぶ）を体感することは，めったにできない．とくに，不飽和土の土壌水がもっている負圧（サクション）は，なかなか実感しにくい．そこで，テンシオメータカップを使って負圧（サクション）を体感してみよう．

1　準備するもの
　1）　乾いた土．
　2）　土を充填するための容器．
　3）　先端がポーラスカップで他端が開放されているテンシオメータカップ．

2　実験
　短いカラムに風乾土壌を充填する．そこに内部を水で満たしたテンシオメータカップを挿入する．風乾土壌とテンシオメータカップ内の水の間に生じる数万 $kPa\,cm^{-1}$ を超える大きな圧力勾配によってテンシオメータカップから土壌に水が吸われてゆく．テンシオメータカップにつながる部分が透明な管であれば，水の吸収を視覚的に確認できるが，さらに圧力センサーのかわりにテンシオメータの端に自分の指を当て，皮膚がパイプ内部に吸われてゆくことを体感することができる．ストローのように口で水を吸い出そうとしてみてもよい．とても風乾土のサクションにはかなわない．風乾土壌でなく，テンシオメータカップに栓をしたまま湿った土壌を蒸発によりある程度乾かし，栓を外して指を当ててみてもいい．植物の根は，このサクションに打ち勝って土壌水を吸収しなければならない，という事実に思いを馳せてはどうだろうか．

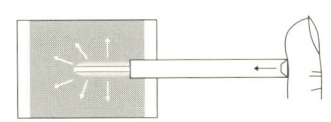

図 1　テンシオメータカップから吸い出される水

楽しい10のなるほど実験5
毛管上昇とヒステリシスを見る

　ストローやガラス管を水面に立てると，水の表面張力と水柱の重量がつり合う高さまで水が上昇する．その毛管上昇高は，素材や表面の状態が同じであれば管の内径に反比例する．逆に，水で満たされた細い管から水を抜こうとする場合，内径が小さいほど大きな吸引力をかけなければならない．これが，同じ水分でも砂よりも微細な間隙の多い粘土やシルトのほうが土中水のサクションが大きいことや，土壌水分が少なくなるほどサクションが増大することを説明するもっとも基本的なモデルである．

　実際の土壌では，水分特性曲線は吸水過程と排水過程で同じサクションに対して異なる水分量を示す．これをヒステリシス（履歴現象）という（実験7参照）．こうしたヒステリシスを説明するモデルとして，円管の一部が太くなっている形状を想定したインクボトル効果がよく知られているので，これを実際に試してみよう．

1　準備するもの
1) 円筒：内径1.5 mm（毛管上昇高約16 mm），外径3.0 mmの透明塩ビパイプを10 mm長に切り，その上下に，内径0.9 mm（毛管上昇高約26 mm），外径1.5 mmの塩ビパイプを1.5 mmずつ挿入したものを作成する．
2) 水道水，ビーカー，ものさし．
3) 実験用スタンドとクランプがあると便利である．

2　実験
　作成したパイプをゆっくりと，水面に上下させてみる（図1）．下げてゆく過程（吸水過程）では，中央の太い円筒の上端が水面から16 mmの高さになるまで下げないと太い円筒の中を満たすことができない（図1上）が，ひと度満たされると，中央円筒の上端が水面から26 mmの高さになるまで上げなければ中央円筒の中の水を抜くことができない（図1下）．これは中央円筒の上部の細い円筒の水が抜けなければ中央円筒に空気が侵入できないためである．

　現実には，指で小突いて多少の振動を与えながらでないとなかなか水が移動しない．これは水の粘性抵抗に加え，水と毛管内壁の間に形成される前進接触角と後退接触角

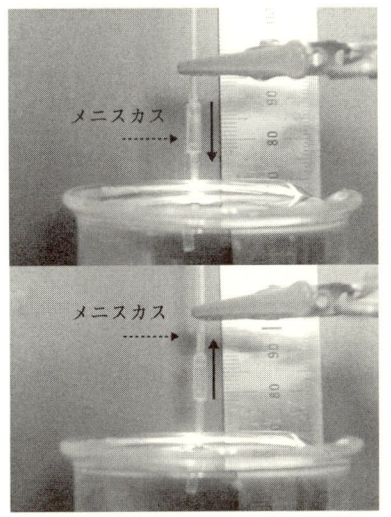

楽しい10のなるほど実験5　毛管上昇とヒステリシスを見る　　71

図1　異径管で見る毛管上昇のヒステリシス

の違いのためでもある．前進接触角もヒステリシスのメカニズムの1つと考えられている．

注意：上記のパイプの太さは例であり，任意でよい．

[実験8]
水の通りやすさを測る
——飽和透水係数（変水頭法）

　飽和土壌中の水分移動量は，動水勾配に比例する．この事実を発見し，実証したのがダルシーであり，この法則をダルシー則という．図8.1は，ダルシー則を確認するための典型的な装置図である．カラム内土壌のA端にh_Aの（圧力）水頭，B端にh_Bの（圧力）水頭が与えられ，水は土壌カラム内を左から右に流れている．A端，B端の位置水頭は，基準面（任意の高さで定めてよい）からの高さで定義され，土壌A端の位置水頭はZ_A，B端の位置水頭はZ_Bである．位置水頭と圧力水頭の和を全水頭という．すなわち，A端の全水頭は$Z_A + h_A$，B端の全水頭は$Z_B + h_B$であり，両者の差$(Z_A + h_A) - (Z_B + h_B)$が全水頭差である．土壌中でAからBへの移動距離は，

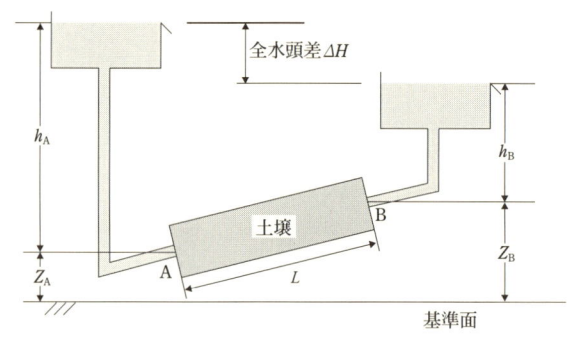

図8.1　動水勾配に比例する流れ——ダルシー則

カラム長さ L に等しい．このとき，全水頭差÷移動距離，すなわち

$$\frac{(Z_A+h_A)-(Z_B+h_B)}{L}=\frac{\Delta H}{L} \tag{8.1}$$

を，動水勾配という．ΔH は全水頭差である．

このようにして，土壌中の飽和水分流量が動水勾配に比例すること，すなわちダルシー則

$$q=K_s\frac{\Delta H}{L} \tag{8.2}$$

が確認できる．ここで，q は水フラックス（単位面積・単位時間あたりの流量），比例係数 K_s は飽和透水係数である．土壌の飽和透水係数は，土壌の種類によって，また同じ土壌でもその詰まり具合によって，異なる値となる．

室内で行う飽和透水係数試験は，土壌試料への水頭差の与え方によって定水頭法と変水頭法に分けられる（JIS A1218）．一般に，定水頭法は飽和透水係数が 10^{-3}-10^{-1} cm s^{-1} の砂質土を対象に行われ，変水頭法は飽和透水係数が 10^{-7}-10^{-3} cm s^{-1} のローム質土や粘性土を対象に行われる．表8.1 は，日本と世界の土壌の飽和透水係数と乾燥密度のデータを例示したものである．この表で示された土壌は，10^{-3} cm s^{-1} オーダーでも低いほうの値（1-2×10^{-3} cm s^{-1}）が多く，千葉市の水田土壌（深さ 50 cm）以外は変水

表 8.1 日本と世界の土壌の飽和透水係数と乾燥密度の例

採土地と採土深さ	飽和透水係数 (cm s^{-1})	乾燥密度 (g cm^{-3})
千葉県八街市畑地　深さ 23 cm	1.25×10^{-3}	0.80
千葉県八街市畑地　深さ 100 cm	2.34×10^{-3}	0.52
千葉県八街市畑地　深さ 200 cm	1.14×10^{-3}	0.65
千葉県千葉市水田　深さ 50 cm	1.38×10^{-2}	1.00
中国東北部ソンナン平原　草地深さ 10 cm	8.93×10^{-8}	1.32
中国東北部ソンナン平原　草地深さ 80 cm	5.06×10^{-5}	1.58
チュニジア国ケロアン畑地　深さ 25 cm	1.14×10^{-3}	1.30
チュニジア国ガベス畑地　深さ 60 cm	8.70×10^{-4}	1.34

頭法で測定することが適している．

ここでは，100 cm³ 円筒サンプラー内の試料（内径 5 cm，長さ 5.1 cm 程度）を対象として，適用範囲が広い，変水頭法による飽和透水係数試験について説明する．

1 準備するもの

1) 100 cm³ 円筒サンプラー．
2) 飽和透水係数測定装置（図 8.2, 図 8.3）．
3) 定規，ノギス．
4) ストップウォッチ．
5) 電子天秤：最小読み取り値 0.01 g 程度のもの．
6) 恒温乾燥炉（105℃）．
7) 乾燥デシケータ（炉乾燥後の冷却用）．

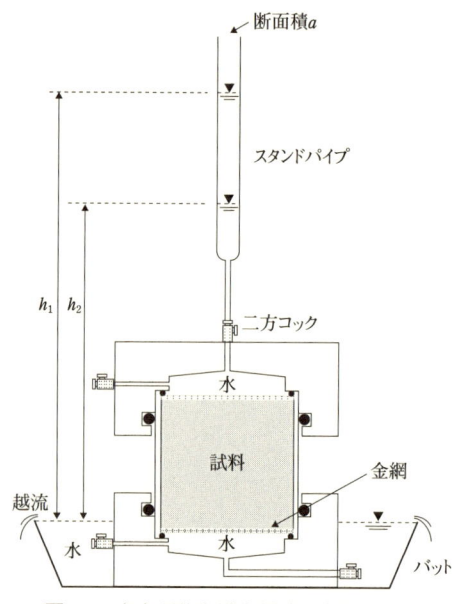

図 8.2 変水頭飽和透水係数測定装置の例

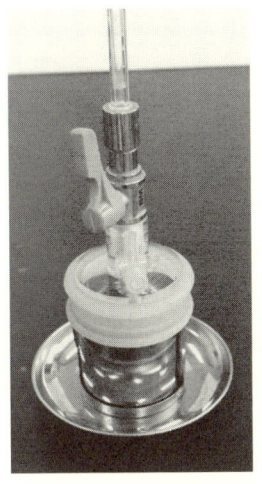

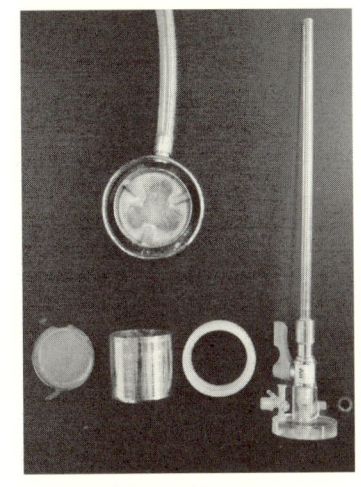

図 8.3 飽和透水係数測定装置の例

8) 温度計.
9) 蒸発皿.
10) 水道水の入った洗浄びん.
11) バット：底の比較的浅いもの.
12) 完全飽和にする必要がある場合は，真空ポンプと接続した真空デシケータ.

2 実験手順

(1) 試料の準備

1) サンプラーの断面積 A (cm^2) および質量 M_c を測定する.
2) サンプラーを用いて不攪乱試料採取後，もしくはサンプラーに攪乱試料充填後（再充填試料），試料長 L (cm)，質量（M_1：サンプラー質量 M_c ＋炉乾燥土質量 M_s ＋土中水質量 M_w）を測定する．不攪乱試料では，試料長がサンプラー長よりも短いことがある．その際は，試料の両端を水平に整形した後，ノギスで，サンプラー長よりもどのくらい短いか測

定し，その値をサンプラー長から差し引くことで試料長を求める．

3) 試料の飽和を行う．このとき，水浸や脱気飽和による試料の乱れ・破壊を防ぐことが重要である．通常は，バット内に置いたろ紙の上にサンプラーを載せ，試料底面が数mm漬かる程度まで水道水を注ぎ，毛管上昇による吸水を一晩行ったものを毛管飽和試料と呼び，これを水分飽和したものと見なして透水試験を行う．土中の封入空気などを排除して完全に飽和したい場合は，真空デシケータ内で徐々に減圧し，土中の空気を排除した状態で，水漬，毛管飽和することで飽和度を高める．これを脱気飽和試料もしくは，完全飽和試料と呼ぶ．

（2） 測定方法

1) スタンドパイプの内径を測定し，断面積 $a(\mathrm{cm}^2)$ を算出する．
2) スタンドパイプをサンプラーに取り付け，バットの上に載せ，バットに蒸留水を満たす．
3) 洗浄びんでサンプラー内の空気を取り除きながら，スタンドパイプ内に蒸留水を満たす．このとき，スタンドパイプ内に絶えず水面があるように蒸留水を供給し続ける．
4) スタンドパイプ内の水面が $h_1(\mathrm{cm})$ および $h_2(\mathrm{cm})$ を通過した時間 t_1 (s)および $t_2(\mathrm{s})$ をストップウォッチで測定する．ここで，h_1，h_2 はアルミ皿の越流水面からスタンドパイプ内の水面までの距離である．測定は3回以上くり返し，その平均値をデータとする（図8.2）．
5) 測定後，蒸留水の水温 $T(℃)$ を測定する．試料の乾燥密度を求めるため恒温乾燥炉で24時間炉乾燥し，炉乾燥後の質量（M_2：円筒サンプラー質量 M_c ＋炉乾燥土質量 M_s）を計量する．

3 データ解析

（1） 温度 $T(℃)$ における変水頭法による飽和透水係数 $K_{s,T}(\mathrm{cm\ s^{-1}})$ を次式で計算する．

$$K_{s,T} = \frac{aL}{A(t_2-t_1)} \ln\left(\frac{h_1}{h_2}\right) = \frac{2.3aL}{A(t_2-t_1)} \log_{10}\left(\frac{h_1}{h_2}\right) \tag{8.3}$$

（2）温度 15℃における飽和透水係数 $K_{s,15}$ (cm s^{-1}) は水の粘性を考慮して，次式で計算される．

$$K_{s,15} = K_{s,T} \frac{\eta_T}{\eta_{15}} \tag{8.4}$$

ここで，η_T は温度 T(℃) における蒸留水の粘性係数(Pa·s)，η_{15} は温度 15℃ における蒸留水の粘性係数（Pa·s）であり，η_T/η_{15} の値は表 8.2 で読み取ることができる．

（3）炉乾燥前後の質量（M_1，M_2）とサンプラーの質量（M_c），体積から含水比（ω），乾燥密度（ρ_d），体積含水率（θ），間隙率（n），飽和度（$=\theta/n$）を計算する．

表 8.2 温度と水の相対粘性係数（15℃のときを 1.0 とする）

η_T/η_{15}

温度(℃)	0	1	2	3	4	5	6	7	8	9
0	1.5747	1.5228	1.4729	1.4251	1.3794	1.3357	1.2941	1.2546	1.2172	1.1818
10	1.1485	1.1165	1.0856	1.0559	1.0274	1.0000	0.9738	0.9487	0.9248	0.9021
20	0.8805	0.8595	0.8391	0.8195	0.8004	0.7821	0.7644	0.7474	0.7311	0.7154
30	0.7004	0.6862	0.6723	0.6588	0.6456	0.6328	0.6203	0.6082	0.5964	0.5849
40	0.5738	0.5630	0.5526	0.5425	0.5328	0.5234	0.5143	0.5056	0.4972	0.4892

4　留意事項

（1）データ解析で用いる式の導出は，一度は自力で試みておくべきである．変水頭試験の装置図において，長さ L のカラム内を時間 t の間に移動する飽和流量を Q と置けば，動水勾配は，h/L であるから，ダルシー則は

$$\frac{Q}{At} = K_{s,T} \frac{h}{L} \tag{8.5}$$

である．ただし，h はバット越流水面からスタンドパイプ内の水面までの距離である．ここで，測定量は Δh（スタンドパイプ内で Δt 時間に低下した水位）とストップウォッチで測定した Δt であるから，パイプ内の減少水量 $-a\Delta h$ とカラム内総流量 $Q\Delta t$ とが等しいと置いて，

$$-a\Delta h = AK_{s,T}\frac{h}{L}\Delta t \qquad (8.6)$$

この式を h について h_1 から h_2 までの積分

$$-\int_{h_1}^{h_2}\frac{\mathrm{d}h}{h} = \frac{AK_{s,T}}{aL}\int_{t_1}^{t_2}\mathrm{d}t \qquad (8.7)$$

を行えば，$K_{s,T}$ に関する式(8.3)が容易に求まる．

（2） 飽和透水係数の測定は，反復が重要であり，最低3回は反復し，それらの平均値を求める．その際，反復に時間をかけ過ぎたり，長時間水を流した後で測定を開始したりする，などの測定は，誤差を生み出す原因になる．透水中に土壌の間隙構造が変化する場合があるからである．したがって，スタンドパイプを立てた後はすみやかに測定を開始し，その初期の3反復をデータとすることを推奨する．

（3） 水飽和によって崩壊したり分散したりして土粒子が流出する土壌もある．このような場合には，あらかじめサンプラーの底面に1，2枚程度のガーゼをあてがってセロテープなどで固定し，土粒子の流出を防ぐ．ただし，あまりにも目の細かいガーゼを用いると，そのガーゼが目詰まりを起こして透水性を低下させ，土壌の透水係数評価ができなくなる恐れがあるので，注意を要する．

応用編

[実験9]
団粒を測る
——良い土にはなぜ団粒が豊富なのか？

　土壌中では，粘土やシルトといった細かい1次粒子が，土壌中のカルシウムなどの陽イオン，有機酸，多糖類，鉄やアルミニウムの酸化物，微生物の菌糸，代謝生成物などの作用で凝集・膠結して団粒を形成する．

　団粒が多い土壌は，団粒間間隙と団粒内間隙という2つの異なる特徴をもった間隙群をもつ．団粒間間隙は比較的大きく，土壌の透水性や通気性を良好に保つことに寄与する．団粒内間隙は比較的小さく，土壌中に水分や栄養分を長期的に保持して徐々に植物に供給することに寄与する．つまり，団粒構造があることによって，"土壌の排水性，通気性の増進"と"植物の生育のための水分や栄養分の保持"という，見かけ上相反する2つの性質を両立させることが可能になる．そのため，古くから団粒に富んだ土は肥沃性（生産性）が高いと考えられてきた．

　団粒は，雨滴の衝撃や水分量の変化に伴って壊れることがある．また，土中水の電解質の種や濃度によっては，団粒を形成する粘土粒子が分散し，団粒の破壊に至ることがある．そこで，対象となる土壌がどの程度水の作用に耐え得るかという評価をするために，耐水性団粒試験を行う．耐水性団粒試験は，団粒の耐水性を評価するとともに，どのぐらいの径の団粒が存在するかということを示す指標にもなる．

　団粒試験の結果としては，団粒径分布や団粒径の加積通過曲線，団粒径とその割合から重み付け平均を行った平均重量直径（mean weight diameter ;

MWD）などを報告する．

1 準備するもの

1) 湿式ふるい装置（32 回/分，振幅 2 cm で上下動が得られるもの，図 9.1）．
2) 標準組ふるい（2.0, 1.0, 0.5, 0.25, 0.1 mm のものが一般的，図 9.2）．
3) 電子天秤（最小読み取り値 0.01 g 以下のもの）．
4) 磁皿（5 枚，アルミ皿で可）．
5) 噴射びん．
6) 霧吹き．
7) 恒温乾燥炉（105℃）．
8) ビーカー（200 mL 程度）．

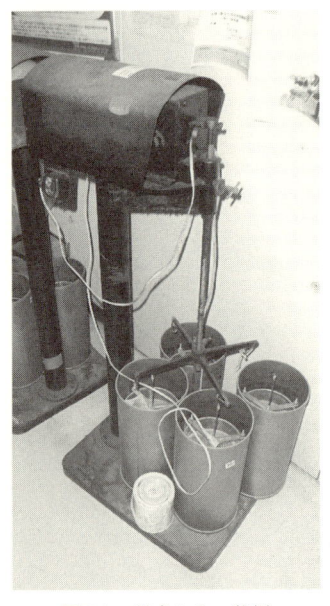

図 9.1 湿式ふるい装置

図 9.2 左：標準組ふるいとつり金具，右：水槽

2 実験方法

(1) 試料の調整

1) 試料を通風の良い日陰で風乾する．途中，生乾き（含水量が塑性限界以下．指でつぶすと潰れずに砕ける程度）の状態になったら，手でほぐして 2.0-4.0 mm 程度のふるいで篩別(しべつ)し，ふるいを通過した試料をさらに乾燥させて風乾状態を得る．

2) 風乾試料は，団粒試験の前に含水比を測定する（実験4参照）．

3) 風乾試料を急に水漬するとスレーキング（沸化現象）を起こして団粒が崩壊し，耐水性団粒試験の結果が変わってしまう．これを防ぐために，試料の含水比を測定するとともに 20-30 g 程度の試料を量り取り，湿潤質量 M_t を測定し，含水比を用いて M_s を算出する．量り取った試料は 30 分から 1 時間おきに霧吹きを用いて徐々に水を加え，団粒表面に水が浮く程度まで湿らす．

4) その後，試料をビーカーに移し，湛水させて一晩静置する．

(2) 湿式ふるい装置の準備

1) 水を満たした水槽の中で組ふるいを組み立てる．ふるいの順序は上から 2.0，1.0，0.5，0.25，0.1 mm である．ふるいの間に気泡が残らないように注意しながら，水中で目の細かいふるいから順に空気を追い出しながら組み立て，最後につり金具で固定する．水中篩別に使用する水は，通常水道水を使うが，雨滴の影響をとくに留意するときや，塩を含む乾燥地の灌漑を想定するときなどは，蒸留水や脱イオン水を使ったり，所定の塩組成・濃度の溶液を用いて水中篩別を行うことがある．

2) 組ふるいをネジで固定し，団粒分析器の腕にぶら下げる．このとき最上位置のふるいの網が 5 cm 程度湛水するように水槽の水位を調節する．また，ふるいを激しくゆすって残っている空気を追い出す．

（3） 耐水性団粒試験の実施

1) ビーカー内で湛水・静置しておいた試料をふるいの上に広げる．できるだけ薄く均等に広げることが望ましい．ビーカー内に残ったぶんも噴射びんでふるい上に洗い落とす．
2) 湿式ふるい装置を始動し，40分間水中篩別を行う．
3) 終了後，組ふるいを水槽から取り出し，上のふるいから順に，各ふるいに残った土を噴射びんで水を吹き付けながら磁皿に移し，恒温乾燥炉（105℃）で乾燥させる．
4) 乾燥後，室温まで冷却し，各ふるいに残留した試料の乾燥質量 M_d を測定する．ここで，d はふるいのメッシュサイズ（mm）を表す．
5) 各粒径区分の団粒に含まれる単粒土粒子を分離するときは，乾燥した各粒径画分をビーカーに移し，それぞれに対して有機物分解後，分散処理を施し，粒度分析を行う（粒度分析の詳細は実験6参照）．

注意：ふるいに土を載せたまま乾燥すると粒子が取れなくなることがあるので，湿っている状態で試料を乾燥用の皿に移し替える．また，ふるいの目が緩まないように，固いものでふるいのメッシュ部を触ることがないように注意する．

3 データの整理

試料の含水比 ω （%）と湿潤質量（M_t）を用いて(9.1)式から全炉乾燥質量（M_s）を算出する．

$$M_s = \frac{100 \times M_t}{100 + \text{風乾土の含水比}\,\omega} \tag{9.1}$$

得られた M_s とメッシュサイズ（d）のふるいに残留した試料の質量 M_d から，各ふるいに残った試料の質量パーセントを算出し（表9.1），グラフ用紙に横軸に粒径をとって粒径分布と加積粒径曲線を描く（図9.3）．平均重量直径（MWD）は（9.2）式で算出する．

表 9.1 耐水性団粒試験結果の例

メッシュサイズ (d, mm)	代表粒径 (d_i, mm)	質量 (M_i, g)	割合(%)	加積割合(%)		
0.1 mm 通過分	0.05	0.81	2.69	2.69		
0.125	0.175	1.00	3.32	6.01		
0.25	0.375	2.84	9.45	15.46		
0.5	0.75	8.66	28.88	44.34		
1.0	1.5	13.87	46.22	90.56	MWD	(mm)
2.0	3	2.83	9.44	100	1.24	

注) 3.0 mm ふるい通過分を供給した場合

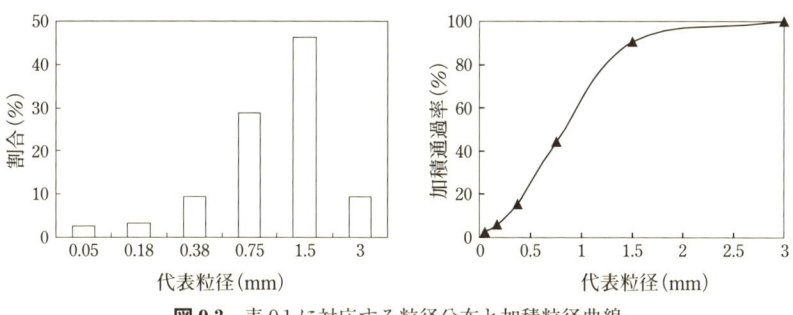

図 9.3 表 9.1 に対応する粒径分布と加積粒径曲線

$$\mathrm{MWD} = \sum_i \bar{d}_i \times p_i \tag{9.2}$$

ただし，$\bar{d}_i$ は，各粒径画分の代表値（平均値を使う），p_i は，対応する粒径画分の割合である．

4 留意事項

（1） 団粒土壌という概念は，ウイリアムスが『科学的な農業耕作』という著作[1]で主張したことがはじまりといわれている．しかし，その後，

---

1) ウイリアムス著，農業科学研究所編（1951）『科学的な農業耕作』，三一書房．

団粒は土壌構造（壁状構造，単粒構造，柱状構造など）の1つとしてとらえられるようになった．また，団粒構造は，易耕性（soil tilth，農機具による作業性と作物の根系発達に関与する土壌物理性の良否を表す言葉）の中で重要な役割を果たしている．

（2） 風乾状態の団粒を急に水漬したときに起こるスレーキング（Slaking）は，土壌表面の安定性や土壌侵食との関係で重要である．

（3） 団粒試験に純水（蒸留水，脱イオン水）を使用すると，粘土鉱物の分散が促進され，水道水を用いた試験とは異なる結果になることが多い．

[実験10]
土中の有機物量を測る
——強熱減量試験

　土壌有機物は微生物の活動を通じて窒素，リン，カリウムをはじめさまざまな微量元素に分解され，植物生育の養分供給源となる．したがって，土壌有機物は，土壌の肥沃度を増進させる．また，土壌中の鉄やマンガン，銅，亜鉛などの重金属は，配位結合によって周囲に有機物を配位した原子集団を形成することがあり，この集団を金属キレート（金属錯体），または単純にキレート（錯体）という．キレート化は，金属陽イオンを陰イオン錯体に変換することにより，土壌中の金属イオンを移動しやすくさせる．このことと関連し，土壌有機物は，肥料としてのリンの有効性を高めることも知られている（5（3）参照）．

　適度に有機物を含む土壌は団粒形成が促進され（実験9参照），土壌の通気性・保水性・排水性が良好になる．さらに，土壌有機物は，炭素成分を土壌中に貯留する役割を通じて，大気中の温室効果ガスの1つである二酸化炭素の濃度形成にかかわると考えられている．日本の森林土壌が蓄積している炭素量は，表層から深さ1mまでに4570 Tgと推定され，地上の森林バイオマスによる炭素蓄積量の4倍以上といわれる．

　土中の有機物の含有量は，強熱減量法，重クロム酸法，湿式燃焼重量法，乾式燃焼法（CNコーダー法）などで測定する．強熱減量法は有機含有量が多い土に適する方法で，炉乾燥土をるつぼに入れ，700-800℃に加熱することにより減少した質量を有機物の推定値とする．泥炭や有機物含有量の比

較的多い土では，測定手順が簡便な強熱減量法を用い，有機物含有量の少ない土で高精度の測定が要求される場合には重クロム酸法や乾式燃焼法を用いる．

重クロム酸法は，実験後の廃棄薬品の処理がわずらわしく，乾式燃焼法は分析機器が高価であるので，ここでは，他の測定法と比較して簡単で，容易に結果が得られる強熱減量試験の方法について示す．

1 準備するもの

1) 蒸発皿，柄付き白金線．
2) 磁性るつぼ．
3) マッフル（高温電気炉を使用する場合は不要）（図 10.1）．
4) 加熱装置：ガスバーナーまたは電気マッフル炉（図 10.2）．
5) はかり（最小読み取り値 0.001 g のもの）．
6) 乾燥デシケーター（シリカゲルなど乾燥剤入りのもの）．
7) 恒温乾燥炉（105℃）．

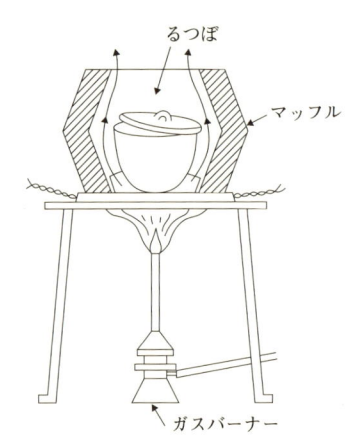

図 10.1 マッフルとるつぼの例[1]

---

1) 文献 [5] より．

図10.2 電気炉とるつぼの例

2 試料の準備

十分に風乾した試料をよくほぐし，2 mm 以上の礫を取り除いたのち，乳鉢で粉砕したものを試料とする．

3 測定方法

1) あらかじめ，るつぼの質量（M_0）を測定しておく．
2) 試料約 10 g をアルミ皿などに取り 105℃ で約 10 時間以上炉乾燥した後，乾燥デシケーターに移し，室温まで冷却する．
3) 2) から試料約 2 g を取り，るつぼの中に入れ，試料とるつぼの合計質量 M_1 を測定する．
4) るつぼをマッフルの中に置く．このとき，るつぼのふたは斜めにずらして置くかもしくは脇に置いておく．
5) 加熱は初期 5 分間は徐々に行い，その後バーナーの炎を十分に出して安定させる．安定加熱温度は 700-800℃ が適当であるが，るつぼの色が赤色から黄赤色に輝いて見えてくるのを確認すればよい．電気炉の場合，

550℃以上が望ましい[2]．

6) 加熱は1時間で終了し，炎を弱めて，柄付き白金線で注意深く内容物を攪乱する．試料に黒色部分が残っていれば有機物が残留しているので，さらに加熱する．
7) 黒色部分が認められなくなったら加熱をやめ，数分間放置した後，るつぼごとデシケーターに移して室温まで冷却する．
8) 試料とるつぼの合計質量 M_2 を測定する．

4　結果の整理

強熱減量 L_i（loss of ignition）は次式で求められる．

$$L_i = \frac{M_1 - M_2}{M_1 - M_0} \tag{10.1}$$

ここで M_1 は加熱前の試料とるつぼの合計質量（g），M_2 は加熱後の試料とるつぼの合計質量（g），M_0 はるつぼの質量（g）である．

5　留意事項

（1）　手順4），6)-7) において，るつぼにふたをしてしまうと，試料の黒色が取れにくくなることがあるので，かならず，隙間を空けること．また，黒色がなくなるまで柄付き白金棒による攪拌と加熱をくり返すことが重要である．

（2）　強熱減量法（本書の方法）は，有機物含有量の多い土壌には適用できる．しかし，高温加熱処理により鉱物結晶中の水分子が散逸すること，また，無機態の炭素成分があればその成分も二酸化炭素などとして散逸することから，有機物含有量の少ない土壌における強熱減量による有機

---

[2] 文献［8］を参照．

表 10.1 強熱減量値の例

土壌	土地利用	強熱減量(%)	全炭素* (%)
美唄高位泥炭	湿原	92	—
田無黒ボク土	畑地	22.3	—
田無立川ローム土	畑地	17	—
嬬恋黒ボク土	畑地	16.7-23.0	—
埼玉妻沼沖積土	畑地	3.9	—
千葉市沖積土	水田	9.6	2.2
八街市関東ローム	畑地	19.2	—
嵐山国頭マージ	畑地	8.6	2.5

*CN コーダーで測定した全炭素値

物量測定は，過大評価傾向になる．このような場合，重クロム酸法や乾式燃焼法を検討する．表 10.1 にいくつかの土の強熱減量値を示す．炭素含量の少ない土壌では，強熱減量と CN コーダーで測定した全炭素量の間に大きな隔たりがあるので注意が必要である．

（3） 土壌有機物がリンの有効性を増大させるメカニズムは，以下のように考えられている．無機態のリンは，土壌中の鉄やアルミニウムと結合して難溶性の塩を形成し，このときリンの栄養素としての有効性が損なわれるが，有機物が豊富であれば有機物が鉄やアルミニウムとキレートを形成するので，結果的にリンの有効性が保たれる．

楽しい 10 のなるほど実験 6
腐植の存在

　腐植は，気相・液相・固相の三相のうちの固相部分に含まれる．腐植は，動物の排泄物や遺体，植物遺体などが土壌動物や土壌微生物による分解作用を受けたものであり，おおむね暗色を有する．このことが土壌の色を黒くさせている．同時に，腐植を多く含む土壌は比重が小さく，透水性や保水性などの物理性が良好となる．また，腐植は，粘土と同様，土壌の pH 緩衝能，植物養分の保持，団粒形成および微生物性に大きな影響を及ぼし，土壌の生産力向上に重要な因子となる．
　この腐植の存在について簡易で感覚的に理解する方法について説明しよう．この手順は，粒度試験（実験6）の中の有機物分解の過程を利用したものであり，腐植含量が多いほど土壌がより強く黒色を呈することがわかる．

1　準備するもの
1）　10% 前後の過酸化水素水（薬局の消毒液でもよい）．
2）　100 mL 容量程度の三角フラスコまたはビーカー（粒度試験時の腐植分解では 500 mL 容積がよく用いられる）．
3）　ガラス棒．
4）　温度計（実験前の室温や水温を測定する）．
5）　風船：三角フラスコで分解する場合，発生する二酸化炭素量を視覚的に確認することができる．
6）　数種類の土（たとえば，林内の表土，畑の土，砂場の砂，校庭の土など）を空気乾燥した後，2 mm 程度のふるいを通過したもの．

2　実験
（1）　100 mL 三角フラスコに対象とする土壌（ここでは黒ボク土と砂）を 10 g 程度入れ，それに 50 mL 程度の過酸化水素水を注ぎ込む（手に直接付かないよう注意する）．別に同型の空のフラスコを用意し，約 10% の過酸化水素水 50 mL を注ぎ込む．
（2）　すぐに風船をそれぞれのフラスコの口に付けて，気泡の発生の様子と風船の

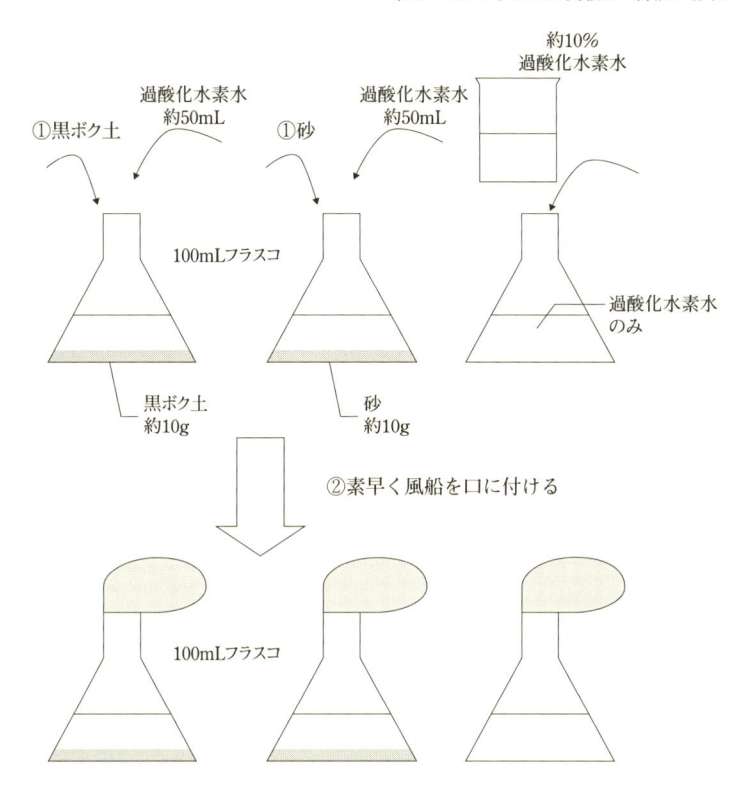

楽しい10のなるほど実験6　腐植の存在　93

①黒ボク土　過酸化水素水約50mL　②砂　過酸化水素水約50mL　約10％過酸化水素水

100mLフラスコ

過酸化水素水のみ

黒ボク土約10g　　砂約10g

②素早く風船を口に付ける

100mLフラスコ

③気体の発生量と反応温度を観察

〈考察〉
色の変化から腐植によって土の色はどうなるといえるか
腐植を含まない土の色は何の色か
腐植はどのような過程で蓄積されるのか
腐植の役割は？

図1　過酸化水素水を加えた土壌から発生する気体

ふくらみを観察する．

(3)　気体の発生量の差と反応時の温度（気温，水温）から，どのようなことがいえるか考察する．

(4)　気体の発生中，および実験終了後の土壌の色をよく観察する．

3　解説

通常，反応は緩やかに進行するため，含まれる腐植の量にもよるが完全に腐植が分

解されて二酸化炭素として揮散するまでには長時間を要する．ただ，腐植量の差による気体の発生量には反応当初から差が現れるので，土壌の黒色と腐植の量に関係があることが理解できる．発生した気泡は，過酸化水素水が土中のマンガンなどの触媒作用を受けて分離した酸素イオンと，この酸素が土に含まれていた腐植を構成する炭素と結合して発生した二酸化炭素である．過酸化水素水を消毒薬として傷口に利用するときは，体液中のカタラーゼという加水分解酵素により過酸化水素が分解され，発生した酸素により，傷口の微生物（俗にいうばい菌）を低温酸化させることにより，消毒することになることも合わせて理解したい．

　また，ほとんどのケースで有機物を完全に分解して腐植を除いた後の茶色は土壌に豊富に含まれる酸化鉄によるものである．

[実験11]
塩分濃度を測る
——電気伝導度による診断

　土壌中の溶質濃度が高くなると土中水の浸透ポテンシャルが低下する．その結果，土中水が十分にあっても植物の根が吸水しにくくなって気孔を閉じざるを得なくなり，蒸散や二酸化炭素の吸収が滞って光合成が妨げられる．これが植物における典型的な塩害の機構である．

　土壌中の塩類は単一化合物ではなく，複数の溶質の混合物であるが，個々の溶質の濃度を分析して合計するのは非常に手間がかかる．植物生育における塩害の対策を考える上で知りたいのは，個々の溶質の濃度よりむしろ浸透ポテンシャルである．浸透ポテンシャルは溶解している溶質（ほとんどがイオン）の種類にはほぼ無関係で，モル濃度（より正確には活量）に比例する．浸透ポテンシャルはポテンシャルがかなり低いときは，土壌溶液を吸引してサイクロメータという装置で熱力学的に測定することができるが，装置が高価な上，植物に塩ストレスがかかりはじめる程度の塩類濃度に対しては測定誤差が大きい．そこで，より簡単に土の塩分濃度を診断する方法として電気伝導度（electrical conductivity；EC）が広く利用されている．

　水溶液に正負の電極を入れて電位差を与えたとき，イオンによって電気が伝わることはよく知られている．電気の伝わりやすさ，すなわち電気抵抗の逆数を電気伝導度という．イオンの濃度と温度が一定の場合，EC は断面積に比例し，距離に反比例する．そこで1m 離れて正対した断面積1m^2 の電極に1V の電圧差を与えたとき，電極で挟まれた立方体状の領域を通過す

表 11.1 主な溶質の実験定数 a, b と溶解度（文献［17］のデータを抽出して回帰分析）

塩の種類	a	b	最大溶解濃度 (20℃, mol L^{-1})
CaCl$_2$	0.0081	1.017	6.71
KCl	0.0071	1.030	4.59
KNO$_3$	0.0075	1.035	3.12
MgCl$_2$	0.0089	1.056	2.14
MgSO$_4$	0.0116	1.056	2.80
NaCl	0.0086	1.034	6.09
NaHCO$_3$	0.0118	1.047	1.14

る電流が1Aになるとき，その領域の電気伝導度を1 S m^{-1} と定義している．なお，SはSiemens（ジーメンス）の頭文字である．

ECはイオンの濃度が高くなればなるほど高くなり，両者の関係はおおむね

$$c = \frac{a}{z}\left(\frac{\sigma}{\sigma_0}\right)^b \tag{11.1}$$

で表される．ここで，c：モル濃度（mol kg^{-1}），z：イオンの価数，σ：電気伝導度（dS m^{-1}），σ_0：単位電気伝導度（= 1 dS m^{-1}），a：実験定数（mol kg^{-1}），b：実験定数である．土壌溶液を構成する主な溶質の実験定数 a, b の値を表11.1に示す．また，モル濃度にイオンの価数を乗じたものを電荷当量濃度もしくはイオン当量濃度（mol$_c$ kg^{-1} または mol$_c$ L^{-1}）と呼ぶ．

表11.1の個々の溶質の回帰分析に用いたデータをすべて同時に回帰分析した場合の係数は $a = 0.0089$ (mol$_c$ kg^{-1})，$b = 1.042$ である．溶質の種類が不明な場合は，概数としてこの係数を用いて濃度を推定することもできる．ただし，(11.1)式で得られたモル濃度が表11.1の最大溶解濃度を超えるような場合は推定値の信頼性が低いと考えるべきである．

乾燥地では塩化物イオンや硫酸イオンによってECが高くなっている場合が多いが，日本の農地では，海岸付近を除き，ECが高い場合の多くは硝酸イオンが優占している．したがって，日本ではしばしば施肥量を調節する参

考値としてECが用いられている.

ポーラスカップを土壌に挿入し,負圧を与えて土中水を吸引採取し,そのECを測る方法もあるが,土壌水分が少ないとき,すなわち,圧力水頭が低く不飽和透水係数の小さなときは,土中水の吸引採取は困難である.また,きわめて少量のサンプルしか得られない.このような場合やECを連続的にモニタリングしたい場合は4電極電気伝導度プローブやTDRプローブ(実験18参照)で土壌のEC(見かけのEC)を測定し,水分と見かけのECの関係から土壌溶液のEC値(σ_w)を推定することができる[1].

ここでは,上記のような装置を使わず,原位置でサンプリングした土壌試料に蒸留水を加えて溶液を抽出し,そのECを測定することで土中水のECを推定する方法を説明する.これは後の章における溶質拡散係数や分散係数の測定にも用いられる.土に加える蒸留水の量としては,飽和するまでとする方法(飽和抽出法),乾土と水の質量割合を1:2とする方法,1:5とする方法の3つが広く用いられている.吸着や塩の溶解度を考慮する必要がなければ,後述する換算式によりいずれも同一のEC値(σ_w)の推定値を与える.吸着や溶解度の影響を考えると,加える水の割合が小さな飽和抽出法が

表11.2 電気伝導度と溶液濃度の記号

	電気伝導度 ($S\ m^{-1}$)	濃度 ($mol\ kg^{-1}$)
一般の溶液	σ	c
土壌溶液	σ_w	c_w
飽和抽出溶液	σ_e	c_e
1:2溶液	$\sigma_{1:2}$	$c_{1:2}$
1:5溶液	$\sigma_{1:5}$	$c_{1:5}$
希釈前溶液	σ	c
希釈後溶液	σ_m	—
単位電気伝導度	$\sigma_0\ (=1)$	—
25℃温度補正値	σ_{25}	—

---

1) 井上光弘・塩沢昌 (1994)「4極法による土壌カラム内の電気伝導度測定とその応用」,『土壌の物理性』, **70**:23-28. 登尾浩助 (2003)「実践TDR法活用——土壌中の水分・塩分量の同時測定」,『土壌の物理性』, **93**:57-65 を参照.

望ましい[2]が，比較的多くの土壌試料量が必要となることが飽和抽出法の欠点である．なお，電気伝導度と濃度に関する記号が多出するので，表11.2に整理して示す．

1 準備するもの

1) 容器（サンプラー，ビーカーもしくはふた付き棒びん）．
2) 電子天秤（最小読み取り値が0.1 g以下のもの）．
3) EC計（数滴で測定できる平面型センサーを使ったEC計が安価で適度な精度をもつため学生実験などには便利である，図11.1）．
4) 蒸留水入りの噴射びん．

2 測定方法

1) 容器（サンプラー，ビーカーもしくは棒びん）の質量（M_0）を測定する．

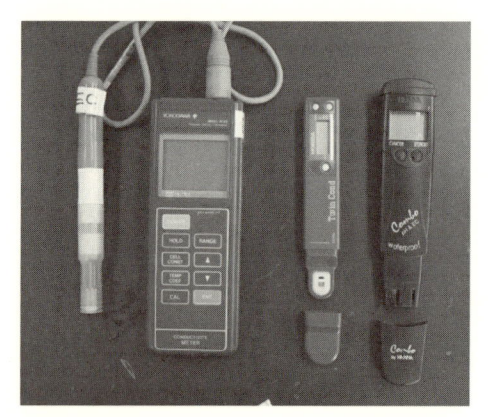

図11.1 EC計の例．左からプローブ型EC計，平面電極型EC計，pH-EC複合センサー

---

2) Rhoades, J. D., F. Chanduvi and S. Lesch (2004) *Soil Salinity Assessment : Methods and Interpretation of Electrical Conductivity Measurements*, FAOを参照．

2) 採土を行い，湿潤質量（M_1）を測定し，湿潤土質量 $M_T(=M_1-M_0)$ を計算する．
3) 105℃で炉乾燥して，乾燥質量（M_2）を測定し，乾土質量 $M_s(=M_2-M_0)$ を計算する．
4) 水分量 $M_w(=M_T-M_s)$ を計算する．
5) 飽和抽出法の場合，飽和するのに必要な水量 M_{add} を次式により求め，蒸留水を加える．

$$M_{add}=\rho_w n V_t=\rho_w\left(1-\frac{\rho_d}{\rho_s}\right)\frac{M_s}{\rho_d} \tag{11.2}$$

ここで，ρ_w，ρ_s はそれぞれ水，土粒子の密度，ρ_d は土の乾燥密度，n は土の間隙率である．

6) 1：2法の場合には $2M_s$，1：5法の場合は $5M_s$ の蒸留水を炉乾燥土に添加する．ただし，水を加える作業中，大気から土壌への吸湿による水分増加も影響するので，予定量の蒸留水を加えると添加水量が過剰となる．これを避けるため，まず試料を電子天秤上に静置し，1：2法の場合には M_2+2M_s，1：5法の場合には M_2+5M_s になるまで，ピペットや小型注射器で水を加えるとよい．
7) 100 cm³ 円筒サンプラーで採土した場合にはここで容器を移し替えることになるが，水分が多い場合には 100 cm³ 円筒サンプラーの内壁面で蒸発し，塩が付着している場合があるので，ついでにこの塩分を洗いながら回収する．
8) ビーカーの場合はガラス棒や撹拌機で，棒びんの場合はふたをして振とう機などでよく撹拌する．この際，軽く撹拌した後，しばらく置いて塩を溶解，拡散させた上，もう一度撹拌すると効率がよい．撹拌に要する時間は，通常，10分程度で十分である．
9) ふたもしくはラップをして蒸発を抑えた上，土粒子が沈降するまでしばらく静置する．飽和抽出法の場合，容器側面を軽く叩いて水締めを促した上，図11.2のようにビーカーを30°くらい傾けて静置して水を浸出

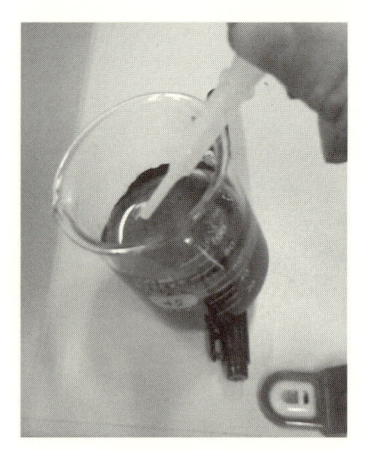

図 11.2 土壌懸濁液の上澄み採取の様子

させる．

10) 平面電極型の EC 計の場合，上澄みをスポイトで分取し，EC 計のセンサー部に滴下して測定する．EC 計や使用するスポイト（や注射器）は，試料溶液量が十分あるときは分析用ガラス器具の共洗いの要領で，あらかじめ試料溶液を吸い込んだり滴下したりしてから一度捨て，ついで測定用の試料を分取することが望ましい．試料量が少ない場合は，スポイトや EC 計に付着している溶液の混合による誤差を少なくするため，EC 計の測定は，同一サンプルについて 2 回くり返し，2 回目の値を採用するとよい．

11) プローブ型の EC 計の場合，溶液を測定用容器に移す．EC 計の形状によって少量の溶液ではプローブが十分に漬からない場合は，蒸留水によって溶液を m 倍に希釈したときの EC 値（σ_m）を測定し，希釈前の EC 値（σ）を次式から求める．

$$\sigma = \sigma_0 \left\{ m \left(\frac{\sigma_m}{\sigma_0} \right)^b \right\}^{\frac{1}{b}} \tag{11.3}$$

ここで，b は表 11.1 で定められる実験定数である．

3 データ解析

(1) 温度補正

溶質によって温度依存性は異なるが，EC は 1℃ につき約 2% も変化するため，濃度と EC の関係式を求めた温度と同じ水温で測定することが望ましい．温度補償機能を有していない EC 計で測定した場合，測定値 σ を 25℃ 換算値 σ_{25} とするためには，次式でおおむね補正できる[3]．

$$\sigma_{25} = \sigma\left[1 + \frac{(298.2 - T)}{49.7} + \frac{(298.2 - T)^2}{3728}\right] \qquad (11.4)$$

ここで，σ は溶液の温度が $T(\mathrm{K})$ のときの EC 値である．

(2) 土中水の EC 値への換算

どの方法で測定したものも，ある程度希釈した溶液の電気伝導度を与えるため，土壌溶液そのものの EC 値，濃度に換算する必要がある．もし，換算せずそのままの値を示す場合は，希釈倍率（1:5，1:2 など）や抽出法（飽和抽出）を併記する．

1) (11.1)式で示したように飽和抽出液中の可溶性塩類の濃度 c_e は次式で与えられる．

$$c_e = \frac{a}{z}\left(\frac{\sigma_e}{\sigma_0}\right)^b \qquad (11.5)$$

ここで，添字 e は飽和抽出液の値であることを示している．

一方，土壌試料内に存在した可溶性塩類の質量は c_e と M_{add} の積で与えられる．これを土壌水の体積 V_w で除せば土壌溶液中の可溶性塩類の濃度（c_w）となる．

$$c_w = \frac{c_e M_{add}}{V_w} = \frac{c_e M_{add} \rho_w}{M_w} \qquad (11.6)$$

---

[3] U. S. Salinity Laboratory Staff (1954) Diagnosis and improvement of saline and alkali soils, *USDA Agric. Handb.*, **60**, U. S. Gov. Print. Office, Washington, DC を参照．

ここで，(11.1)式の溶液モル濃度 c と溶液電気伝導度 σ をそれぞれ土壌溶液に関する値 c_w, σ_w に置き換え，その式の c_w に(11.6)式を代入して整理すると次式が得られる．

$$\sigma_\mathrm{w} = \sigma_0 \left\{ \frac{z}{a} \left(\frac{c_\mathrm{e} M_\mathrm{add} \rho_\mathrm{w}}{M_\mathrm{w}} \right) \right\}^{\frac{1}{b}} \tag{11.7}$$

2) 1:5EC から σ_e への換算

1:5（乾土と水の質量比）法による抽出液の EC を単に EC として示している文献も多いが，加えた水の割合を明記するか，飽和抽出液の EC（σ_e）に変換して示すべきである．1:5法による抽出液の濃度から飽和抽出液の濃度への換算式は次のようになる．

$$c_\mathrm{e} = \frac{c_{1:5} M_\mathrm{add}}{nV\rho_\mathrm{w}} = \frac{5c_{1:5} M_\mathrm{s}}{nV\rho_\mathrm{w}} = \frac{5c_{1:5}\rho_\mathrm{d}}{n\rho_\mathrm{w}} = \frac{5c_{1:5}\rho_\mathrm{d}\rho_\mathrm{s}}{(\rho_\mathrm{s}-\rho_\mathrm{d})\rho_\mathrm{w}} \tag{11.8}$$

EC で表すと，

$$\sigma_\mathrm{e} = \sigma_0 \left[\frac{5\dfrac{a}{z}\left(\dfrac{\sigma_{1:5}}{\sigma_0}\right)^b \rho_\mathrm{d}\rho_\mathrm{s}}{(\rho_\mathrm{s}-\rho_\mathrm{d})\rho_\mathrm{w}} \right]^{\frac{1}{b}} \tag{11.9}$$

となる．

3) 土壌溶液の浸透ポテンシャルへの換算

土壌溶液の電気伝導度から浸透ポテンシャル ϕ_o（MPa）を推定する際，次の経験式が広く用いられている．

$$\begin{aligned}\phi_\mathrm{o} &\approx 0.04\sigma_\mathrm{w}\,^{[4]} \\ \phi_\mathrm{o} &\approx 0.028\sigma_\mathrm{w}\,^{[5]}\end{aligned} \tag{11.10}$$

ただし，σ_w は土壌溶液の電気伝導度（dS m^{-1}）である．

---

4) Rhoades, *et al., ibid.* を参照．
5) 文献 [13] を参照．

4 留意事項

（1） 蒸留水が手に入らない場合，脱イオン水，逆浸透膜処理水，超純水，などの名称で入手できる水を用いてかまわない．

（2） 電気伝導度は，農業用灌漑水の水質評価に使用されることが多い．たとえば，日本の水稲栽培のための農業用水では 0.3 dS m^{-1} 以下が基準とされている．また，多量の化学肥料を土壌に投与すると，土壌溶液の EC 値がかなり上昇する．

（3） 農地の塩類化が問題となっているウズベキスタン・シルダリヤ地域の灌漑地では，用水路の水の EC 値が約 1.4 dS m^{-1}，地区排水路の水の EC 値が約 3.4 dS m^{-1}，深さ 1–1.7 m に存在する地下水の EC 値は 3.4–5.5 dS m^{-1} であった．土壌溶液の EC 値は，これらの値より高いであろう．この地で栽培される綿花の場合，土壌の飽和抽出液の許容上限 EC 値は 7.7 dS m^{-1} であり，かなり危機的であることがわかる．

（4） 実験で得られた EC 値について，植物生育や環境保全の観点から評価し，報告することが望ましい．

（5） EC 値と電解質濃度の関係は，塩の種類によって異なる．たとえば，溶解度ならびに解離度の低い硫酸カルシウム（$CaSO_4$）は，塩化物（$NaCl$，$CaCl_2$）と異なる関係を示す．図 11.3 は，塩化物が類似の直線関係を示すのに対し，硫酸カルシウム溶液の EC 値が低く，約 30

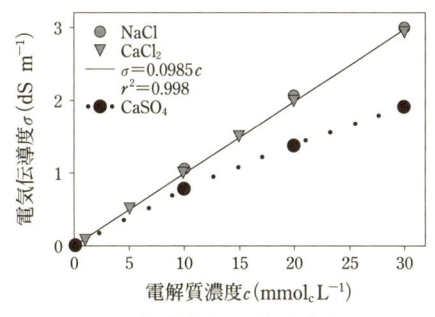

図 11.3 電解質濃度と電気伝導度の関係

mmol$_c$ L^{-1}（＝15 mmol L^{-1}）で上限（飽和）に至ることを表している．

また，表 11.1 では b 値が 1 より大きいが，濃度が十分低い場合は，実務上，$b = 1.0$（直線）と考えても差しつかえない．

[実験12]
酸性・アルカリ性を測る
——pH 測定

pH は溶液中の水素イオン濃度指数であり，水素イオンのモル濃度を $[H^+]$ $(mol\ L^{-1})$ とすると次式で表される．

$$pH = -\log_{10} [H^+] \qquad (12.1)$$

H^+ の実効濃度としてモル濃度のかわりに活量 a_{H^+} をとり，

$$pH = -\log_{10} a_{H^+} \qquad (12.2)$$

と定義することもある[1]が，両者の差は 0.1% 以内とされている[2]．

蒸留水中には H_2O の分子とわずかに電離した H^+ と OH^- のイオンが存在する．大気圧下，25℃ では蒸留水中の H^+ と OH^- 濃度はともに約 10^{-7} mol L^{-1} であり，このとき pH = 7 となり，この状態を中性という．水素イオン濃度が 10^{-7} mol L^{-1} より大きいとき，すなわち pH < 7 のときを酸性，その逆の pH > 7 のときをアルカリ性という．

蒸留水を大気下に放置すると，大気中の CO_2 が溶け込む溶解平衡

$$H_2O + CO_2 \Longleftrightarrow H_2CO_3 \Longleftrightarrow H^+ + HCO_3^- \qquad (12.3)$$

により，この蒸留水の pH は酸性側に傾き，約 5.6 になる．大気中には，火

---
1) たとえば文献 [15] を参照．
2) 文献 [25] を参照．

山からの二酸化硫黄や排気ガスに含まれる窒素や硫黄などの酸性物質が含まれるので，降雨の pH はこの値よりやや低めの 4.5-6.0 の幅にある[3]．

　土壌の pH とは一定量の水あるいは塩溶液を加えた土壌懸濁液の上澄み液の pH をいう．水添加による測定値を pH(H_2O) と書く．塩として塩化カリウム（KCl）溶液を添加した場合，その測定値を pH(KCl) と書く．多くの土では，pH(H_2O)＞pH(KCl) である．本書はこれら 2 つの測定法を示す．このとき，加える水または KCl 溶液の量を，乾土：液体の質量比を 1：2.5 とする．

　日本の土壌の pH は 4.4-7.2 の範囲にあり，全般に低く，酸性土壌といわれている．その理由は，①土壌空気中の CO_2 濃度が大気中より高いこと，②有機物起源の有機酸やアルミニウムなどが土壌溶液中に溶解していること，③多雨により土壌中のカルシウムやマグネシウムなどの塩基が溶け出し，かわりに水素イオンが蓄積していること，などである．このうち，②でアルミニウムの加水分解反応が水素イオン濃度を高める理由は，反応式

$$Al^{3+}+H_2O \Longleftrightarrow AlOH^{2+}+H^+ \quad \log K=-5.3$$

$$AlOH^{2+}+H_2O \Longleftrightarrow Al(OH)_2^{+}+H^+ \quad \log K=-4.97$$

$$Al(OH)_2^{+}+H_2O \Longleftrightarrow Al(OH)_3^{0}+H^+ \quad \log K=-9.90$$

$$Al(OH)_3^{0}+H_2O \Longleftrightarrow Al(OH)_4^{-}+H^+ \quad \log K=-15.60$$

(12.4)

によってよく知られている．ここに，K は各反応の平衡定数である．

　一方，乾燥地，半乾燥地でよく見られるような，ナトリウムやカルシウムなどの塩が多量に蓄積される土壌では一般に pH が高く，8.5 以上であればアルカリ土壌と呼ぶ．土壌の酸性・アルカリ性は，作物栽培だけでなく，土壌中のイオンの動態と関係し，土壌の肥沃度，汚染や浄化，下流域の富栄養化などに影響する．

　pH の測定は，比色法やガラス電極法が一般的であるが，土壌の pH では

---

[3] 文献 [1] を参照．

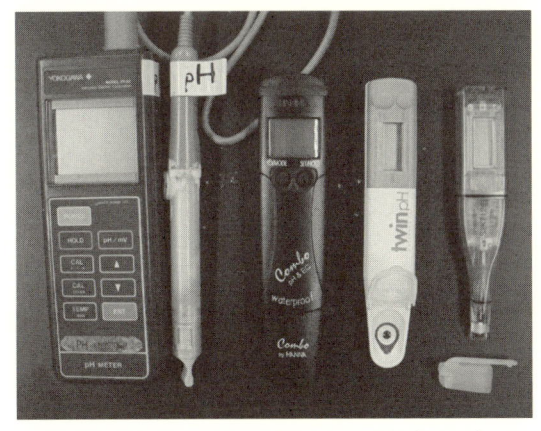

[実験12] 酸性・アルカリ性を測る——pH 測定　107

図 12.1　pH 計の例．左から，プローブ型ガラス電極式 pH 計，ガラス電極式 pH-EC 複合電極計，薄層型ガラス電極式 pH 計，ISFET 型 pH 計

溶液が濁っているため比色法を用いることはなく，ガラス電極法が用いられる（図 12.1）．また，近年では，安価簡便に測定する装置として ISFET（ion sensitive field effect transistor）という半導体をセンサーとした pH 計も販売されている．

1　準備するもの

1) ガラス電極式または ISFET 型 pH 計．
2) ビーカー．
3) 蒸留水．
4) スポイト（薄層型ガラス電極式 pH 計を使う場合．小さな注射器で代用可）．
5) 1 N KCl 溶液（pH(KCl) の場合のみ）．

2　試料の準備

1) 供試土は生土あるいは風乾土を用いる．あらかじめ含水比を測定して

おく．

2) 供試土の乾燥質量と溶媒（蒸留水または1N KCl溶液）の質量比が1：2.5となるように溶媒を加えて，供試土と溶媒をビーカー内で混合する．水の量には，土壌中に含まれる水分も加えること（実験11参照）．一部の粘土のように，この水分状態で液状にならないときは，液状になるまで溶媒を加える．このときは，追加した溶媒量を記録すること．
3) ガラス棒でかき混ぜて30分以上3時間以内静置した懸濁液を使用する．

3 測定方法

1) あらかじめpH計の較正をしておく．pH計のマニュアルにしたがえばよいが，通常pH≒4とpH≒6.9の2種類の標準液で較正することが多い．1種の標準液で較正する場合は，測定する試料のpHに近い値のものを選ぶ．
2) 懸濁水中にpH計のガラス電極を挿入し，軽くかき混ぜながら指示値が一定となったらその値を記録する．
3) 薄層型ガラス電極式pH計を使用する場合，懸濁水の上澄みから適量採取し，ガラス電極に滴下する．

4 留意事項

（1） pH(H_2O）とpH(KCl)

供試土に溶媒を加えてpHを測定する際，溶媒としてH_2Oを用いてもKClを用いてもよいが，データには使用した溶媒を明確に記録することが重要である．両者の違いは次のように理解される．pH(KCl)では，土粒子表面に吸着されているH^+をK^+と置換させて溶液中に遊離させるので，溶液中にはより多くのH^+イオンが放出されることになる（pH値が低下する）．pH(H_2O）では，土壌粒子表面に吸着されている陽イオンはそのまま保持さ

れるので，土粒子表面に吸着されている H^+ の寄与は評価できない（pH 値が高めになる）．この結果，通常 pH(KCl) < pH(H_2O) となる．降雨など自然界の条件に近いのは pH(H_2O) と考えてよい．

（2） 稀釈効果

　希釈による pH 変化は，それほど大きくないと考えてよい．たとえば，低 pH 土壌溶液を希釈すると pH は上昇するが，同時に懸濁液中の電解質濃度変化の影響を受けて，土粒子表面における H^+ の解離やアルミニウムの水和などの変化が生じ，これらは pH を低下させる．こうした相殺のため，希釈による pH の変化は小さなものとなる．なお，実用性を優先して，土の乾燥質量対溶媒質量の比を 1 : 2.5 とする手順を省略し，採取土壌の生土（湿潤土）質量で代用して 1 : 2.5 法を適用する場合があるが，希釈効果による誤差が大きくなるので，避けるべきである．

（3） 活量

　溶質と溶媒とは相対的なものである．存在割合の少ないものを溶質という．一般に，溶質が希薄濃度である場合はモル濃度で反応を表すことができるが，溶質と溶媒が同程度に存在すると，活量で反応を表さねばならない．そのため，水素イオンの場合，希薄濃度であればモル濃度を用いた(12.1)式で，高濃度であれば活量を用いた(12.2)式で，それぞれ pH を定義する．通常，土壌溶液は希薄溶液であると考えられ，本書は(12.1)式を用いている．

（4） ガラス電極 pH 計の測定原理

　一般のガラス電極 pH 計は，ガラス電極と比較電極と電圧計で構成されている．ガラス電極と比較電極をセットにして，外見上一体化していることもある．ガラス電極には pH 既知の溶液が封入され，その先端のガラス膜を介して外部の試料溶液と接している．このとき，ガラス膜内外の H^+ の濃度差にしたがった起電力を生じる．他方，比較電極には別の溶液（KCl が多い）が封入され，電極先端に設けた微細孔（液絡部という）から内部液が外部の

試料溶液中へわずかずつ流出しつつ起電力を生じる．ガラス電極での起電力は外部溶液のpHによって変化するが，比較電極での起電力は外部溶液によらず一定なので，ガラス電極と比較電極の電位差から，あらかじめ決定しておいたpH−電位差の関係式を用いてpHに換算することができる．なお，pH測定の際には比較電極内部液がつねに流出し続けているので，測定時には攪拌しながら測定するとよい．また，内部液の流出に伴う試料の変化にも留意する必要がある．さらに，液絡部の目詰まりにも注意を要する．一般に希薄な電解質溶液ではpH値が安定しないことも多く，この点ではpH（KCl）のほうが測定が楽である．

　現場で測定する場合や学生実験では破損の危険が少ない薄層型ガラス電極を使った小型pH計やISFETセンサーpH計が便利である．

楽しい10のなるほど実験7
土の化学的な力1（pH緩衝能）

　植物はその生育にとって適切な土壌pHの範囲をもっており，多くの植物がpH7.0前後の中性を好んで生育する．ところで，土は生物の活動によって酸性化（pHが低下）する傾向にある．それは，土中では有機物が微生物によって分解される過程で有機酸が生成したり，植物根がカリウムやカルシウムなどプラスに帯電している養分を吸収するとき水素イオンを放出したりするからである．しかし，実際の土壌pHは一定の範囲に保たれている．これが土壌のpH緩衝能というもので，このはたらきも土壌によって差が見られる．

　この実験ではpH緩衝能について簡易に理解する方法を説明しよう．

1　準備するもの
1) 蒸留水．
2) ビーカー．
3) ガラス棒．
4) pHメーターまたはpH試験紙．
5) $0.01\ \mathrm{mol\ L^{-1}}$の塩酸溶液（蒸留水に0.3 mL濃塩酸を加えて1000 mLに希釈）．
6) $0.01\ \mathrm{mol\ L^{-1}}$水酸化ナトリウム溶液（水酸化ナトリウム0.4 gに蒸留水を加えて1000 mLに希釈）．
7) 数種類の土（たとえば，林内の表土と，その比較として砂など）を空気乾燥した後，2 mm程度のふるいを通過したもの．

2　実験
（1）ビーカーに対象とする土壌（ここでは林内から採取した黒ボク土と砂）を100 g程度入れ，それぞれに250 mLの蒸留水を加えてよく撹拌して懸濁液を調製する．懸濁液の上部の水が澄んできたらpHを測定する．湿った土の場合，あらかじめ含水量を測っておき，質量比で乾土：蒸留水＝1：2.5になるように，蒸留水の量を計算して加える（実験12参照）．また，対照として蒸留水250 mLのみを入れたビーカーも用意し，pHを測定しておく．

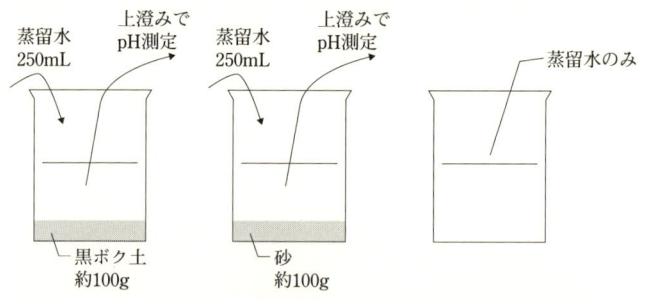

図中ラベル:
- 蒸留水 250mL / 上澄みで pH測定 / 黒ボク土 約100g
- 蒸留水 250mL / 上澄みで pH測定 / 砂 約100g
- 蒸留水のみ

黒ボク土の上澄み液と同じ弱酸性にそろえたのち，さらにそれぞれのビーカーにpH4程度のHClを加え，撹拌する．条件を変えた実験を行うため，別途用意したビーカーで，pH9程度のNaOHを加え，撹拌する．

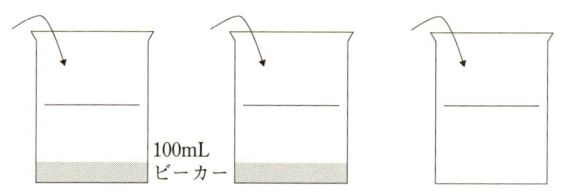

100mLビーカー

所定量を添加した後，上澄みのpHを測定する．
図1 土壌の緩衝能実験

(2) 林内から採取した黒ボク土の上澄み液のpHは弱酸性であろう．そこで，そのpH値を目標値として，比較対象の砂懸濁液，蒸留水にも希塩酸をごくわずかずつ加え，pHを黒ボク土上澄み液と同一にする．

(3) 3つのビーカーのpHが同一となったところで，同量の酸性溶液（たとえばpH4の希塩酸）を各ビーカーに少しずつ加え，その都度撹拌してから上澄み液のpHを測り，変化の度合いを比較する．同様に，同量のアルカリ性溶液（たとえばpH9の水酸化ナトリウム）を各ビーカーに少しずつ加え，その都度撹拌してから上澄み液のpHを測り，変化の度合いを比較する．

3 解説

通常，林内表土の上澄み液のpH値は，pH4の塩酸やpH9の水酸化ナトリウムを加えた後でもそれほど大きく変化せず，砂や蒸留水と比較して中性寄りを示す．すなわち，林内の表土は高い緩衝能を表す．ただし，砂の場合には十分に水洗いしておかないと，わずかに含まれている粘土・シルト画分の影響を受けて，一定の緩衝能を表すこともある．

林内の表土の pH 緩衝能がこれほど高いのは，土中に豊富に含まれる粘土と腐植が電荷をもっているからである．そのことから，土に酸やアルカリが添加されると，酸性を引き起こす水素イオンをそのマイナスの電荷で，アルカリの要因である水酸基イオンをそのプラスの電荷で吸着してしまうため，pH の変動が抑制される．

　土壌の pH が 4.0 近くまで低下すると土中のアルミニウムが溶出して，植物根に有害となり生育を阻害することになる．土壌の酸性化は植物にとってきわめて深刻な影響を与えることになる．このようなことから，土壌が示すこの緩衝作用は植物の生育にとって重要なはたらきといえ，土壌のホメオスタシス（恒常性）機能とも呼ぶことができる．

[引用文献]
文献［11］，pp. 32-34.

楽しい10のなるほど実験8
土の化学的な力2（リン酸吸着能）

　植物生長の必須元素であるリン酸は，土壌によって吸着され，その結果，植物への吸収が阻害される場合がある．これは，土壌によるリン酸吸着，リン酸固定，あるいはリン酸収着と呼ばれ，日本に広く分布する火山灰土で顕著である．また，酸性から中性の条件下にある日本の土壌ではそのはたらきが強く，活性なアルミニウムや鉄がリン酸を収着することがその要因となっている．

　また，リン酸は湖や内湾で濃度が高くなりすぎる，つまり富栄養化すると，アオコや赤潮の発生を引き起こす．我々は，比較的身近で採取しやすい火山灰由来の土のリン酸収着能を利用して，富栄養化した水の浄化などの実験を簡易に行うことができる．この実験の結果は明瞭で，わかりやすいのも特徴であるので，ぜひトライしてみてほしい．

1　準備するもの

1) ロート．
2) ろ紙．
3) ビーカー．
4) 蒸留水．
5) リン酸溶液（H_3PO_4 を希釈し $10\ mg\ L^{-1}$ 程度に調整）．
6) リン酸測定用パックテスト（測定レンジ 0-$10\ mg\ L^{-1}$，共立理化学研究所，同種のリン酸検査キットでもよい）．
7) 数種類の土（たとえば，林内の表土と，その比較として砂など）を空気乾燥した後，2 mm 程度のふるいを通過したもの．

2　実験

（1）ロートにろ紙をセットし，対象とする土壌（ここでは黒ボク土と砂）を約 30 g 入れる．

（2）一度，蒸留水を約 50 mL 通水させ，不純物などを洗浄し，そのときのろ過水は捨てる．

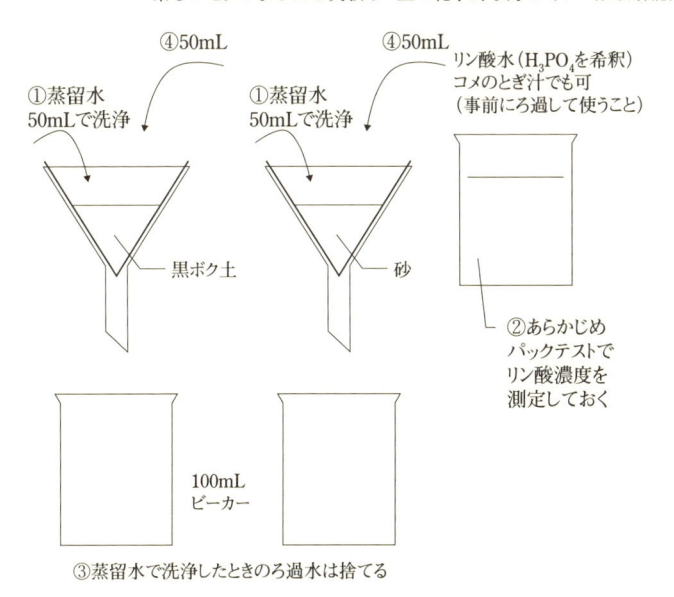

楽しい10のなるほど実験8　土の化学的な力2（リン酸吸着能）　　115

```
①蒸留水              ①蒸留水           ④50mL  リン酸水（H₃PO₄を希釈）
50mLで洗浄           50mLで洗浄                コメのとぎ汁でも可
        ④50mL                                  （事前にろ過して使うこと）

    黒ボク土              砂
                                        ②あらかじめ
                                         パックテストで
                                         リン酸濃度を
                                         測定しておく

    100mL
    ビーカー

③蒸留水で洗浄したときのろ過水は捨てる

⑤リン酸水のろ過水を測定する
```
図1　土壌を用いたコメのとぎ汁の浄化

（3）あらかじめリン酸測定用パックテストで濃度を測定したリン酸溶液50 mLをそれぞれの試料に通水させる．リン酸溶液のかわりにコメのとぎ汁を用いてもよい．その場合，第1回目のとぎ汁を使用することが望ましい．

（4）ろ過水について，パックテストで濃度を測定し，試料ごとの違いなどを比較する．

3　結果について

　火山灰土と砂などの収着能の違いは明瞭で再現性も高く，誰もが火山灰土のリン酸収着の強さを理解できるはずである．この実験の結果から，火山灰土壌は植物に対するリン酸肥料の効果としてはマイナスに働くことや，肥料の十分でなかった時代においては，耕起しやすい土壌ではあったが，リン酸欠乏のため畑作物の生産性は低かったことなども，合わせて理解したい．

4　用語の注意

　収着（sorption）は，比較的最近定着した用語である．固体表面では，相互作用に

より周囲のさまざまな物質が吸着，固定，吸収，沈殿といった現象を起こすが，どの現象が支配的であるか，必ずしも判然としない場合も多い．そこで，これらの総称を収着と呼ぶことが推奨されるようになった．

[引用文献]

土壌物理学会編（2002）『新編　土壌物理用語事典』養賢堂，p.19.

文献［24］，p.520.

［実験 13］
不飽和状態の水の通りやすさを測る
——不飽和透水係数（蒸発法）

　不飽和土壌中の水分移動量は，動水勾配に比例する．この事実を説明したのはバッキンガムである．しかし，同時に，その原理は飽和土壌中の水分移動と同等であることから，不飽和土壌中の水分移動の法則をバッキンガム・ダルシー則と呼ぶことが多い．実験 8 と同様の典型的な装置を図 13.1 に示す．ここでは，カラム A 端の h_A，B 端の h_B ともにサクション（負の圧力水頭）を表す．ここでの動水勾配は

$$\frac{h_B - h_A}{L} = \frac{\Delta H}{L} \tag{13.1}$$

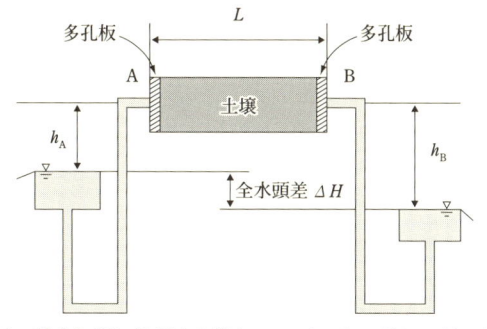

図 13.1　動水勾配に比例する流れ——バッキンガム・ダルシー則

であり，その比例係数は，体積含水率 θ の関数で与えられる不飽和透水係数 $K(\theta)$ である．このとき，バッキンガム・ダルシー式は

$$q = -K(\theta)\frac{\mathrm{d}H}{\mathrm{d}x} \tag{13.2}$$

と表される．q は不飽和水フラックス，H は全水頭，x は A から B へ向かう水平方向の位置座標である．

　不飽和透水係数は土壌水分量に大きく依存し，水分量が低くなるほど急激に減少する．その例は，乾燥土壌への水の浸潤過程や，蒸発による土壌の乾燥過程で顕著に見ることができる．乾燥土壌に水がしみこむとき，「土が半乾きだと水が通りにくい」という現象が生じることがあるが，これは，乾いた部分での不飽和透水係数が著しく低いからである．表面がカラカラに乾燥した土壌の表面をそっと剥ぎ取ると，数 cm 下に意外と湿った土壌が見えることがある．これも，表層土壌内の不飽和透水係数が著しく低いので，地表面近傍で土壌水分の上昇移動が抑制されているためである．

　不飽和透水係数の測定法には室内法，現場測定法それぞれにさまざまな方法が提案されているが，本書では，比較的安価かつ短時間で信頼性の高い測定ができる方法として，テンシオメータを使用した非定常蒸発法を紹介する．この方法では，使用したマトリックポテンシャル範囲について，水分特性曲線も同時に得ることができるという利点がある．

1　準備するもの

1) 円筒型コアサンプラー（ここでは，100 cm^3 円筒サンプラー，直径 5.0 cm，長さ 5.1 cm，を使用する）．
2) 小型テンシオメータ 2 本．長さ約 100 mm，外径 5-6 mm のプラスチックチューブで，先端から 15 mm および 35 mm の位置に，それぞれチューブの外径と等しいポーラスカップを挟み，それをマトリックポテンシャルの受感部とする（図 13.2）．ポーラスカップ受感部長さは 10 mm

[実験13] 不飽和状態の水の通りやすさを測る――不飽和透水係数（蒸発法） 119

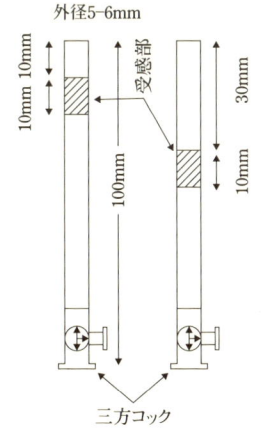

図 13.2 ポーラスカップの模式図

程度とする．なお，プラスチックチューブ先端は完全に密閉する．
3) 圧力センサー（例：(株) Sensez HTVN-050 KP，-50-0 kPa を測定可，出力は DC 1-2 V または 1-5 V）×2 個．
4) 圧力センサー駆動用 12 V 電池（例：8 連単 3 電池パックやオートバイや自動車のバッテリー，12 V の直流定電圧供給装置などを使うことも可）．
5) データロガー．
   ① 室内で直流定電圧供給装置などを用いて圧力センサーに連続通電する場合（図 13.3（a）），圧力センサーの出力（HTVN-050 KP の場合 DC 1-5 V もしくは DC 1-2 V）が 2 チャンネル測定可能な電圧測定用データロガー（例：Hioki 3635（プレヒート制御なしデータロガー，1 チャンネル×2 台），や ESPECMIC TEU-10（2 チャンネル×1 台），Campbell Scientific 社の CR 形データロガー（×1 台）など）．
   ② 自動車用バッテリーや乾電池を使用し，測定時にのみ通電する場合（図 13.3（b））は，①のデータロガーに加えて制御信号を発信することができるプレヒート制御付きデータロガーとリレー（一定の電圧を与えると回路を接続（もしくは切断）する電子部品）を組み合わせて

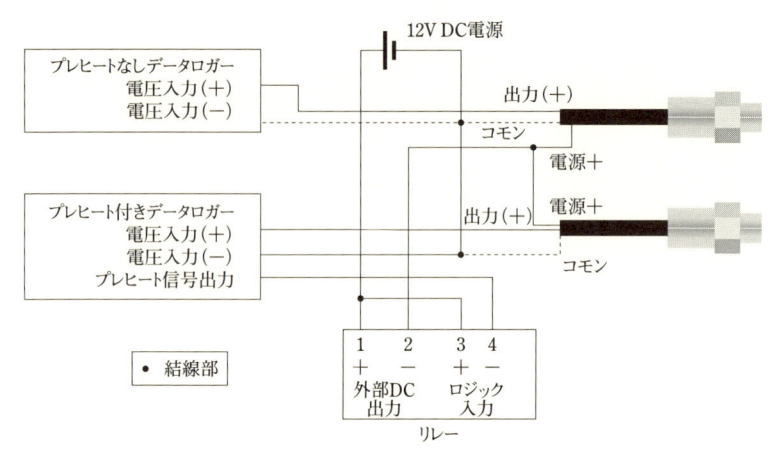

図13.3 データロガー配線例. (a) 連続通電の場合, (b) リレーを用いた場合

電源制御する. 図 13.3 (b) に Hioki 3645 (プレヒート制御付きデータロガー) 1 台と電源制御用リレー (Omron G3TB-ODX03P) 1 個を用いたときの配線例を示す. Campbell Scientific 社の CR 型データロガー (CR1000 や CR800, CR10X など) の場合, 1 台で①と②を兼用することが可能である.

6) 100 cm^3 円筒サンプラー用固定セル (アクリル円筒を 100 cm^3 円筒サンプラーが収まるようにくり抜き加工したもの (図13.4)). 土中の上向き矢印は, 試料土中の水の流れを表している.

7) ポーラスカップよりも 0.5 mm 程度細い外径をもった金属パイプ (先端の周縁を磨いて鋭利にしておくと土壌に挿入しやすい), もしくは, ポーラスカップよりも若干細いサイズのドリルの刃.

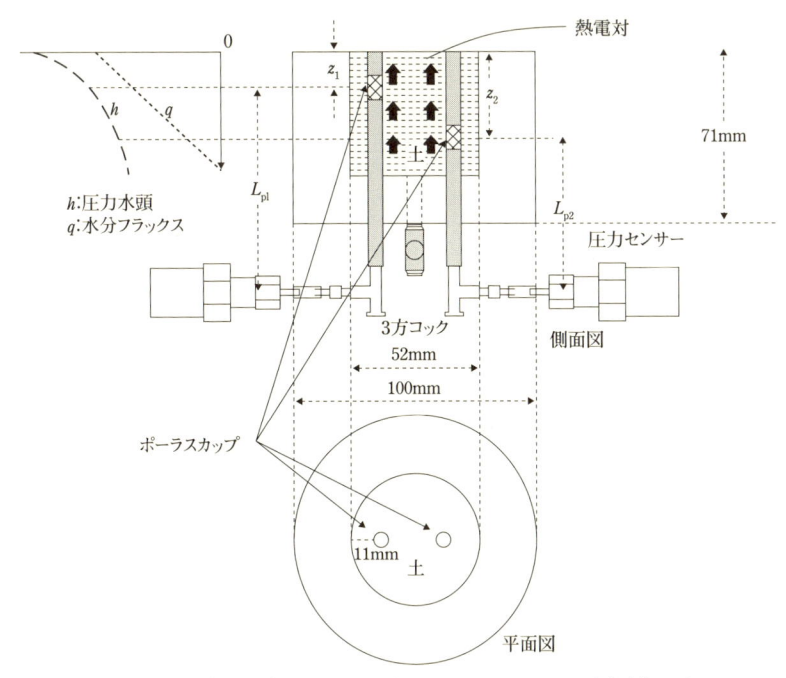

[実験13] 不飽和状態の水の通りやすさを測る――不飽和透水係数（蒸発法）　121

h: 圧力水頭
q: 水分フラックス

図 13.4　蒸発法の概念図．深さ z_1 と z_2 にポーラスカップ受感部がある

8) 注射器（針の先端に細いチューブを接続したもの）．
9) 電子天秤（最大秤量 3000 g 程度で最小読み取り値 0.1 g 程度．できれば質量を自動記録できるものが便利である）．
10) 小型扇風機．
11) 熱電対および温度コントローラ（熱電対で測定した温度が設定温度以下になるとヒーターに通電する装置）．
12) 白熱灯．

注意：実験は，恒温室で行うことが望ましい．11)，12) は土壌面を室温と等温で一定に保つことで，蒸発速度をなるべく一定に保つとともに，温度勾配による水移動の影響を抑えるためであるが，なくても著しく精度が落ちるわけではない．

2 実験方法

1) 事前に土壌試料（100 cm³ 円筒サンプラーに充填された不攪乱試料もしくは攪乱再充填試料）に水道水（分散しやすい粘土質土壌の場合 0.01 MCaCl₂ 水溶液）を給水深で 5 cm 以上（給水体積としてはこれに断面積を乗じた値）浸透し，よく土壌塩分を洗い流す．土壌が塩分をあまり含んでいない場合（土壌の EC の測定を目安にする，実験 11 参照）は，この作業は不要である．

2) 圧力センサーの較正を行う．圧力センサーは，圧力を電圧に変換して出力する．圧力と出力値の関係が線形であると仮定し，大気圧を基準（= 0）とし，このときのセンサー出力値（y_a(V)）を記録する．さらに，水を満たした細いチューブを圧力センサーに接続し，チューブ末端を圧力センサーの受感部よりも h_b cm 低い位置に置き，このときの圧力センサー出力値（y_b(V)）を得ておく．h_b は，最低でも 100 cm 程度の高低差とする．数段階の高さで出力値（V）を得ることによって圧力と出力値（V）の線形性を確認することができる．

3) 試料の入った 100 cm³ 円筒サンプラーを容器固定セルにセットする．その後，テンシオメータのガイドを通じて金属パイプ（またはドリルの刃）をゆっくり回転させながら上方に向けて地表面に達するまで挿入し，テンシオメータ挿入用の予備孔を 2 本開ける．このとき，金属パイプの先端で地表面が持ち上がらないように，板で軽く押さえる．

4) 土壌水圧を感圧するポーラスカップ受感部を有するテンシオメータ 2 本を，図 13.4 に示すように試料の下端から鉛直に（予備孔に沿って）挿入する．テンシオメータ先端位置は試料表面と一致させる．その結果，ポーラスカップ受感部深さは，それぞれ 15 mm，35 mm になる．ポーラスカップは，水を満たしたプラスチック管およびビニールチューブを介して圧力センサーに接続する．

5) 容器固定セル下のバルブから水道水を給水して土壌を飽和させる．

6) テンシオメータ内部，ビニールチューブ，圧力センサーの間を水で満

たす．このとき，受感部やチューブ内に気泡を残さないよう，十分注意する．気泡があると，サクションの上昇や気温の上昇に伴って気泡が膨張し，ポーラスカップから水が土壌に逆流してしまう結果，サクションを過小評価してしまう場合がある．また，受感部が飽和していないと空気漏れが生じ，測定不能になることがある．これらを防ぐために，事前に，真空チャンバー内で水に浸したまま，脱気することが望ましい．

　水で満たした後，テンシオメータと圧力センサーの受感部[1)]をタイゴンチューブなどの比較的固いビニールチューブで接続する．チューブとチューブの接続時に過剰な圧力が発生して圧力センサーが破損することがある．これを防ぐために，経路途中に3方コックなどを用い，過剰な水が排水できるようにした上でチューブを接続する．

7) カラム，電池，回路，ロガー，圧力センサーおよびそれを支えるスタンドなど一式を1つのトレイの上に置き，質量変化を測定できるようにする[2)]．

8) 土壌面に細い熱電対を挿入し，温度コントローラを起動する．

9) 扇風機による送風を開始する．

10) データロガーを起動する．測定間隔は15分程度でよい．Hioki 3645の場合，プレヒート時間は10秒程度が適当である．プレヒート制御付きデータロガーの測定を開始した2，3秒後に同じ測定間隔に設定したプレヒート制御なしデータロガーを起動する．

11) 飽和状態（土壌面に水面が現れようとしている状態）で，ロガーの出力値が，$z_1 + L_{p1}$ あるいは $z_2 + L_{p2}$(cm) に相当する値（V）になっているかどうかで，圧力センサーの較正や動作が適切であるかどうかを確認する．ただし，L_{p1}，L_{p2} は，それぞれポーラスカップの受感部と圧力センサーの標高差である（図13.4）．

12) （熱電対以外の）配線などが周囲に接していないことを確認の上，す

---

1) 圧力センサーの受感膜を傷つけないように，針の先端には柔らかいチューブを付けて注水する．
2) 蒸発量に誤差が生じるため，トレイにこぼれた水や3方コックの口の水をきちんと拭きとっておく．

みやかに質量測定を開始する．自動記録の場合，質量測定間隔は5分程度でよい．

13) 質量測定を自動で行わない場合は，3時間に1回程度は計量するように努める．ただし，温度コントローラを使用して一定の温湿度で実験する場合には，蒸発速度がほぼ一定であると仮定し，開始時と終了時の計量のみの値を使って計算することもできる．

14) 数時間経過後，ときどき圧力（出力電圧）をチェック[3]し，上部テンシオメータの値が $-500\ \mathrm{cmH_2O}$ 以下になったら蒸発を終了し，採土を行う．それ以下になると気泡が膨張したり，空気が侵入したりしてテンシオメータの測定精度が落ちるためである．

15) 採土した試料の質量を測定し，恒温乾燥炉で $105\ ℃$，24時間炉乾燥し，乾燥後の質量を測定し，体積含水率，乾燥密度を得る．このとき，土壌の体積は $100\ \mathrm{cm^3}$ から挿入したテンシオメータの体積を差し引いたものである．

16) 電圧ロガーの記録値を付属のソフトウェアでパソコンに取りこむ．

3　データ解析

(1) 水フラックス

以下に紹介する直接法では，水フラックスは底部からの高さに比例する，と仮定する．言い換えれば，水分減少速度は深さによらず等しい，という仮定である．この仮定は，土壌面が湿っていて（$-10000\ \mathrm{cmH_2O}$ 以上），蒸発速度が一定である間にはおおむね妥当であることがわかっている．この仮定に基づけば，下端の水フラックスはゼロなので，土壌面の水フラックスすなわち蒸発速度がわかれば任意の深さの水フラックスがわかることになる．

蒸発速度 $E(\mathrm{cm\ h^{-1}})$ は，図13.5に示すように，質量がほぼ一定の勾配で

---

[3] 途中でロガーの測定値を見ることができるが，プレヒート付きロガーは直近の測定時刻における値を，プレヒートなしロガーは現在の値を表示する．後者の表示が 0.000(V) となっていてもデータは保存されている．プレヒート中には値が表示される．

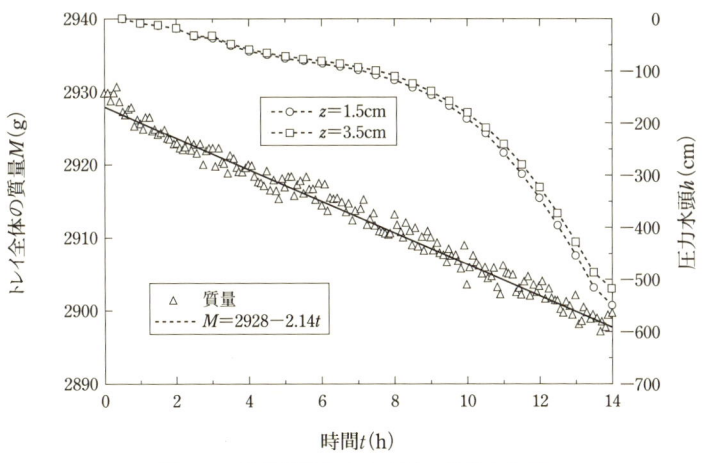

[実験13] 不飽和状態の水の通りやすさを測る——不飽和透水係数（蒸発法）　　125

図 13.5　試料質量と土中水圧の経時変化例

減少していれば，回帰直線の勾配から得られる．

$$E = -\frac{1}{\rho_w A} \frac{\partial M}{\partial t} \tag{13.3}$$

ここで，M：質量（g），t：時刻（h），ρ_w：水の密度（g cm^{-3}），A：土壌の断面積（cm^2）である．ただし，A は 100 cm^3 円筒サンプラーの断面積（19.63 cm^2）からテンシオメータの断面積を差し引いたものである．蒸発速度が変化している場合，時刻と質量の関係を多項式などで近似し，各時刻における微分係数から質量変化速度が得られる．たとえば，開始直後に蒸発速度が高く，その後，徐々に低くなった場合は下に凸の曲線となる．このとき，時刻 t のときの質量 M は a, b をフィッティングパラメータとして，時間を変数とした指数関数

$$M = \exp(at + b) \tag{13.4}$$

で近似できることが多い．(13.4)式の導関数は

$$\frac{\partial M}{\partial t} = a \cdot \exp(at+b) \tag{13.5}$$

である.図 13.5 においては,ほぼ一定の蒸発速度であるため,質量 M は,時間に比例して(比例定数 $=-2.14$)減少している.このとき,蒸発速度 $E=2.14/19.63=0.11$ cm h^{-1} になる.テンシオメータ間の中央(=サンプラー中央)の深さの水フラックス q(cm h^{-1})は,

$$q = -\frac{E}{2} \tag{13.6}$$

となる.

(2) 体積含水率

各時刻のサンプラー内土壌の平均体積含水率は,採土時の体積含水率と各時刻の質量 M から次式で逆算できる.

$$\bar{\theta} = \bar{\theta}_{end} + \frac{M - M_{end}}{\rho_w V} \tag{13.7}$$

ここで,V:土壌の体積,添字 end は終了時の値を表す.サンプラー内土壌の平均体積含水率とテンシオメータ間の中央(=サンプラー中央)における体積含水率は,水分分布が線形であれば一致するため,通常,等しいと見なしてかまわない.

(3) 圧力水頭

前述の較正試験の結果をもとに,次式で各時刻の出力電圧値 y(V) からポーラスカップ中央深さの圧力水頭 h(cm) に変換できる.

$$h = \frac{h_b}{y_b - y_a}(y - y_a) - L_p \tag{13.8}$$

ここで,L_p:圧力センサー受感部とポーラスカップ中央の高さの差(cm)

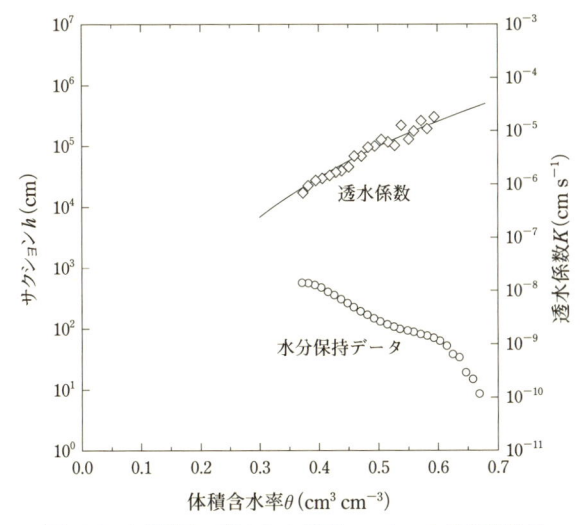

図 13.6 4 蒸発法で得られた関東ロームの水分移動特性

である．図 13.5 に圧力の経時変化の例を示す．各時刻の上下のポーラスカップの圧力水頭の平均値と，同時刻のサンプラー内土壌の平均体積含水率を対応させれば水分保持データが得られ，これを曲線にあてはめれば土壌水分保持曲線が得られる．図 13.6 に例を示す．

（4） 不飽和透水係数

不飽和透水係数 $K(\mathrm{cm\ h^{-1}})$ は，鉛直 1 次元のバッキンガム・ダルシー式 $q=-K\left(\dfrac{\mathrm{d}h}{\mathrm{d}z}-1\right)$ を差分近似して変形した次式に代入すれば得られる．

$$K=-\frac{q}{\dfrac{h_2-h_1}{z_2-z_1}-1} \tag{13.9}$$

ここで，z：深さ（cm）で，添字 1 は円筒試料中で上に位置するテンシオメータの，2 は下に位置するテンシオメータの値を意味している．ここで示した設定の場合，$z_2-z_1=2\ \mathrm{cm}$ である．

(5) 適用可能な圧力水頭

　　圧力水頭が $-100\,\mathrm{cmH_2O}$ 以下になると圧力分布は一般にやや非線形となり，$-1000\,\mathrm{cmH_2O}$ 以下になると著しく非線形となるが，差分近似は，分布が2次曲線の場合には中央における勾配と一致するため，この場合にはかなり正確な勾配を与える．これと各時刻における円筒サンプラー内土壌の平均体積含水率を対応させる．ただし，圧力センサーの誤差が $1\,\mathrm{cmH_2O}$ 程度あるため，上下の圧力水頭の差が $5\,\mathrm{cmH_2O}$ 以上になったときのデータのみ採用すべきである．図 13.5 からわかるように，$-100\,\mathrm{cmH_2O}$ くらいまでは両者の差は小さいため，本方法では低サクション領域の透水係数は得られない．

　　透水係数関数（水分と透水係数の関係）の決定にあたっては，飽和透水係数の測定値 K_{sat} と組み合わせて曲線あてはめを行う．ここでは，透水係数関数には次のキャンベル式を用いる．

$$K = K_{\mathrm{sat}} \left(\frac{\theta}{\theta_{\mathrm{sat}}} \right)^{a} \tag{13.10}$$

ここで，a：フィッティングパラメータである．これを a について解くと次式を得る．

$$a = \frac{\ln\left(\dfrac{K}{K_{\mathrm{sat}}}\right)}{\ln\left(\dfrac{\theta}{\theta_{\mathrm{sat}}}\right)} \tag{13.11}$$

　　a の代表値としては，各測定値 $(\theta,\ K)$ のペアにおける a の平均値を取ればよい．図 13.6 に結果の例を示す．

　　ここで示した直接法以外にも，同じデータを用いて逆解析という方法で土壌水分保持曲線と透水係数関数を決定する手法がある．逆解析とは，実験と同じ初期・境界条件で，移動特性関数の中のパラメータ値に仮の値を与えて数値解析を行い，実測値と数値解がもっともよく一致するようにパラメータ値を最適化する手法である．この逆解析を行うソフトウ

ェアが無料で公開されている[4].

4　留意事項

　本書では土壌の分散とそれに伴う土壌構造の変化，透水性の変化を考慮し水道水を使用して実験を行うような記述をしているが，土壌の分散の影響が少ないと考えられる場合は，蒸留水などを使用して差し支えない．

4）　http://soil.en.a.u-tokyo.ac.jp/sp_analysis/

[実験14]
フィールドにおける水の通りやすさを測る
——原位置透水試験

　試料採取が必要でない原位置透水試験は，土を乱さずに測定できること，測定対象体積がコア試料に比べて大きいこと，自然環境を変えずに測定できることなど，採取試料の実験室内透水試験に対して大きな利点をもつ．これまでの原位置透水試験法としては，シリンダーインテークレート，ゲルフパーミアメーターなどが代表的である．ところが，その多くは湛水条件下で土の飽和透水係数を求めるものであった．こうした湛水条件を与えると，地表面に開口している亀裂やマクロポアがある場合，測定データの信頼性や精度が著しく低下することがある．なぜなら，土壌本来の透水性は低いのに，亀裂やマクロポアに優先的に水が浸入するために，その土壌の透水性を誤って非常に高く評価してしまうからである．

　一方，近年開発が進んだ負圧浸入計（disc permeameter, disc infiltrometer あるいは tension infiltrometer）を使った測定は，原位置で，飽和に近いわずかな負圧条件を与えて透水係数を求める手法である．地表面にわずかな負圧をかけ水を浸潤させると，土壌の主要骨格部分である土壌マトリックスを通過する浸透量を測定でき，しかも地表面に開口している亀裂やマクロポアなどを通る不均一な浸透流を回避することができるので，土壌本来の透水性評価に有効である．そのため，近年は，原位置の負圧浸入計測定が，飽和近傍における土壌の透水係数を求める標準的な測定方法の1つとなってきている[1]．

[実験14] フィールドにおける水の通りやすさを測る——原位置透水試験　131

1　負圧浸入計の測定原理

　負圧浸入計は図 14.1 に示すように，給水タンク，圧力調整タンク，給水ディスクからなる．給水ディスクは，地表面と接触する円盤内にナイロンメッシュを張り，一定の負圧に圧力調整された水が給水タンクからナイロンメッシュに補給されるように組み立てられる．図 14.1 左の概念図は，給水タンク・給水ディスク一体型の場合，図 14.1 中央の図は，給水タンクと給水ディスクを分離し，太いチューブで連結して用いる分離型を示している．一体型は，測定に必要な面積が狭いことや装置の運搬が容易であるという利点があるが，マリオット管のサイズが固定されるため，1つの一体型負圧浸入計で測定可能な土壌の透水係数の範囲が決まってしまう点や測定中のマリオット管への給水が難しい点が短所である．本書では，土壌の透水性に応じて大小のマリオット管を交換することが可能でマリオット管への水の補給も容易な分離型の負圧侵入計を用いる場合の手順を示す．

　市販されている負圧浸入計はいくつかあるが，いずれの負圧浸入計も基本的な構造は皆同じである．ここで給水圧力，つまりディスクの接地面にかか

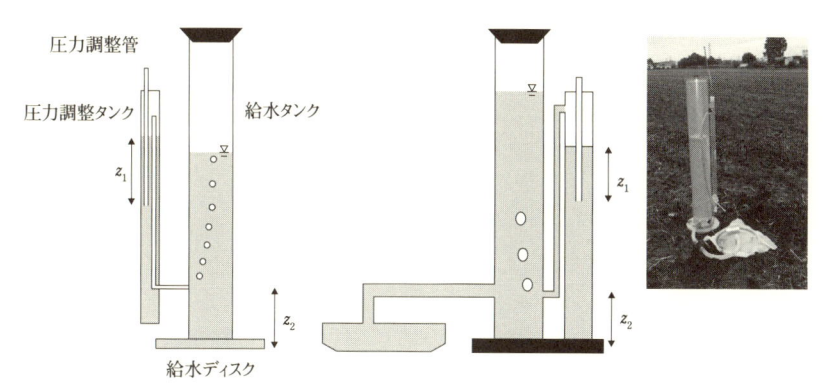

図 14.1　負圧浸入計の概念図（左：一体型，中央：分離型，右：測定写真例（分離型））

1）　西村拓（2004）「負圧浸入計」，文献 [6]，第 3 章．

る負圧 h_0(cmH$_2$O) は,

$$h_0 = z_2 - z_1 \tag{14.1}$$

である（図 14.1）. ここに, z_1 は圧力調整タンク内の大気に開放している管先端と連結管出口位置との高低差, z_2 は給水ディスクの土壌接触面と連結管出口位置との高低差であり, つねに $z_1 > z_2$ に保つ. この式から明らかなように, 給水圧力 h_0 の設定範囲は圧力調整タンクの長さに依存し, 0 cmH$_2$O から -50 cmH$_2$O（-4.9 kPa）程度である. しかし, 実際には他の制約（ナイロンメッシュの空気侵入値）などから, 0 cmH$_2$O から $-20\text{--}-30$ cmH$_2$O 程度の給水圧までが, 信頼のおける測定といえる. 以上のことから, 負圧浸入計を用いて求められる土の水理学的特性（たとえば不飽和透水係数）は飽和領域（$h = 0$ cmH$_2$O）に近い圧力領域における値となる.

　負圧浸入計では, 給水タンクの水位変化から吸水速度を求め, さらには吸水速度から土の水理学特性（吸水度, 飽和透水係数, 不飽和透水係数など）を求める. 解析方法には, 測定開始直後の変化の大きい時間帯のデータを用いる非定常解析あるいは, 給水が定常に近くなってからのデータを用いる定常解析がある.

　負圧浸入計のディスク部の大きさについては, 後述する理論中の仮定を満たすため, ある程度の大きさが必要である. 多くの場合, 直径 15-20 cm 程度のものが扱いやすいと思われる.

2　準備するもの

1) 負圧浸入計（図 14.1）.
2) ディスクが入るサイズの水槽（バケツでも可）.
3) ポリタンク（測定地近隣に水道などの水源がある場合は不要）.
4) 0.5-1 L サイズのプラスチック製ビーカー（マリオット管給水用）.
5) ストップウォッチ.
6) データシートおよび画板.

7) 均平用具(幅広の金属ヘラ，包丁，移植ゴテなど)．
8) 小型水準器．
9) 採土用具(水分量，乾燥密度などを測定する場合，実験1参照)．
10) 湿った砂(均平後の仕上げ用．ビニール袋に密閉しておく)．
11) 均平確認用透明プラスチック板(例：厚さ5 mm程度，25 cm×25 cm程度のアクリル板など)．

3 実験方法

1) 給水ディスクを水槽に漬けたまま，給水タンクと接続する．その際，給水ディスクと接続するビニールチューブ内に気泡が入らないように注意する．

2) 圧力調整タンクの圧力調整管の位置を調整し，所定の給水圧力 h_0 になるように(つまり z_2 よりわずかに大きい値となるように) z_1 を設定する．給水圧力を 0 cm H_2O から若干負圧にしたとき，給水ディスクを水槽から出して大気にさらしても水が流出しないことを確認する．もし，水が連続的に流出するようであれば，タンクや配管途中の空気漏れが疑われる．

3) 負圧浸入計の測定結果は，ディスクの給水面と土壌表面との接触具合に影響されるため，測定する場所を決定したら，ディスクを設置する面をできるだけ水平にする．その際に，表面を必要以上に乱すと，測定結果に影響を及ぼすこともあるので注意する．また，礫が多く均平にするのが難しいような場合，若干湿らせた砂を平らに薄く敷いて，面の凹凸による接触不良を避ける．表面の凹凸は地表面に均平確認用板をあて，隙間を見ることで確認する．均平した面の傾きは水準器で確認する．

　砂は，空気侵入値が十分に小さく(サクションでいえば十分に大きく)，設定負圧でも飽和が保たれるもの，また飽和透水係数が十分に大きいものを選ぶ必要がある．豊浦砂や7号珪砂など0.1 mm程度の粒径のものが使いやすい．

4) 均平にした場所あるいは薄く敷かれた砂の上にディスクを設置し，給

水タンクと気泡タンクの間のバルブを開け，給水を開始する．このとき，ディスク内に大きな気泡が入っていないことを確認する．また，砂を敷いてある場合は，鉛直流れを確かなものとするためにディスクからはみ出たぶんはすぐに取り除く必要がある．また，ナイロンメッシュの余部をディスク下に巻き込まないようにする．

　ディスクや給水タンクは，土の透水性によって最適な大きさが決まる．ディスクは直径 20 cm 程度のものが扱いやすいが，実際にはいくつか異なる大きさのディスクや給水タンクを用意し，後述する間隙特性長や測定時の給水速度を見ながら最適な大きさのものを選ぶようにするとよい．

　通常ディスクと地表面との設置面の間にはナイロンメッシュを用いるが，前述の砂同様，設定負圧よりも空気侵入値を小さいもの（目開きが 5 μm から 20 μm 程度）を選ぶ必要がある．ナイロンメッシュは，何度も使用することで，傷ついたり，緩んだりする．それがディスクへの空気の侵入の原因となるため，空気の侵入が確認されたら，交換しなければならない．

5) 給水タンク内の水位変化を記録する．このとき，給水タンクに圧力変換器や超音波水位計を取り付けて水位の変化を自動計測することもできる．水位の変化は，給水開始直後はなるべく短い時間間隔で記録し，ある程度時間が経ち，給水速度が落ち着いてきたら記録の間隔を長くする．給水速度が定常になる（水位の変化が一定になる）まで，測定を続ける．

　測定時に装置に直射日光が当たると，温度が上昇しマリオット管内の空気圧や水位に影響を与えるので注意する．

6) 給水速度が定常になったら，バルブを閉じ圧力調整タンクの圧力調整管の位置を引き上げて z_1 を増加させ，次の給水圧力とし，バルブを再び開けて給水を開始する．バルブを閉じている時間が長くなると，その間にディスク直下の土壌で排水が進み，ヒステリシスや封入空気の影響が現れるので，途中で中断しないように手早く作業することが重要である．

7) 4)と5)をくり返し,設定圧力で給水速度が定常になったら,次の給水圧力に変える.連続して圧力を変えながら測定する場合は,最大の圧力からはじめて徐々に圧力を下げ6)の手順で z_1 を増加させながら)測定をする.給水タンクの水が不足したら,バルブを閉じて給水を停止した後,給水タンクに水を加える.

4 計算方法

(1) 定常流解析

図14.2は,z_1 を徐々に増やすことによって,給水圧力 h_0 を 0 kPa, -0.5 kPa(それぞれ,0,-5 cmH$_2$O と等価)の2段階とし,それぞれの積算浸入量をプロットした例である.

このデータを解析に用いる場合,以下に示すウッディングの式[2]から,不

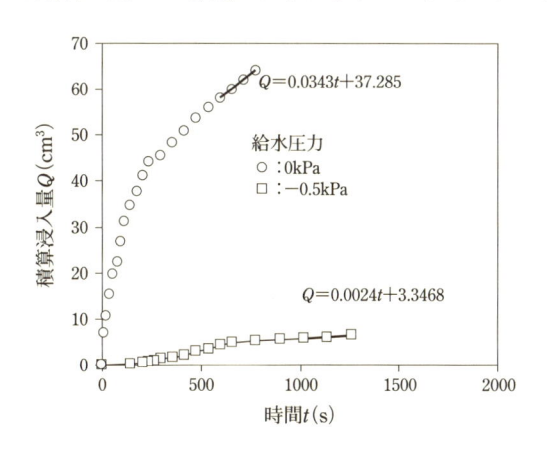

給水圧(kPa)	定常浸入速度(cm^{3}s^{-1})
0	0.0343
-0.5	0.0024

図 14.2 負圧浸入計の積算浸入量の例.測定後半の直線部分の傾きが定常浸入速度に対応する

---

2) Wooding, R. A. (1968) "Stead infiltration from a shallow circular pond", *Water Resources Research*, **4**: 1259-1273 を参照.

飽和透水係数など土の水理学特性を求める．

$$Q(h_0) = \pi r_0^2 K(h_0) + 4 r_0 \phi(h_0) \tag{14.2}$$

ここで，$Q(h_0)$ は定常給水（浸潤）速度（単位時間あたりに土が吸水する量），r_0 はディスク半径，$K(h_0)$ は圧力水頭 h_0 のときの土の不飽和透水係数，$\phi(h_0)$ はマトリックフラックスポテンシャルで，不飽和透水係数を初期土中水圧力 h_i から設定給水圧力 h_0 まで積分したものである．上式は，両辺をディスクの断面積で除して，

$$i(h_0) = K(h_0) + \frac{4\phi(h_0)}{\pi r_0}$$

として，浸潤速度 $i(h_0)$ として表すこともできる．

いま，土の飽和透水係数を K_s として，ガードナーの指数関数型の不飽和透水係数

$$K(h) = K_s \exp(\alpha h) \tag{14.3}$$

を仮定すると積分は，$\phi(h_0) = \frac{1}{\alpha} K_s [\exp(\alpha h_0) - \exp(\alpha h_i)]$ となる．ここで，h_i が十分小さいと仮定できるとき，$\exp(\alpha h_0) \gg \exp(\alpha h_i)$ となり，右辺第2項を無視して

$$\phi(h_0) \approx \frac{1}{\alpha} K_s \exp(\alpha h_0) = \frac{1}{\alpha} K(h_0) \tag{14.4}$$

とすることができる．ここで，定数 α の逆数を間隙特性長と呼ぶ．

ウッディングの式は，ディスク半径が十分に大きいときに正確であり，間隙特性長と比べてディスク半径が小さいようなときは，多くの誤差が含まれることが知られている[3]．

(14.2)式に (14.3)，(14.4)式を代入すると

---

3) Weir, G. J. (1986) "Steady infiltration from large shallow ponds", *Water Resources Research*, **22** : 1462-1468 を参照．

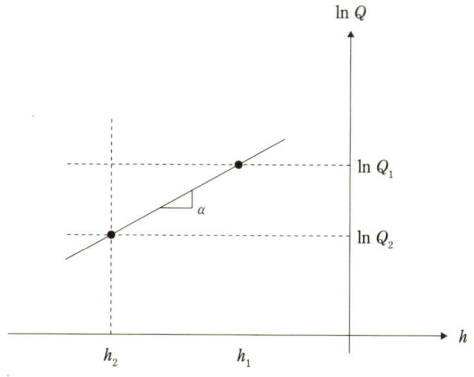

図 14.3 (13.5)式と図 14.2 の定常浸入速度から現場飽和透水係数と α を導出する．図中 h は給水圧力．Q は給水圧力に対応する定常浸入速度．傾きが α 値を与える

$$Q(h_0) = \left(\pi r_0^2 + \frac{4r_0}{\alpha}\right)K(h_0) = \left(\pi r_0^2 + \frac{4r_0}{\alpha}\right)K_s \exp(\alpha h_0) \quad (14.5)$$

となり，両辺対数を取ると，

$$\ln Q(h_0) = \alpha h_0 + \ln\left[\left(\pi r_0^2 + \frac{4r_0}{\alpha}\right)K_s\right] \quad (14.6)$$

と変形できる．上式から，$\ln Q$ と h は直線の関係にあり，模式的に図 14.3 で表すことができる．そこで，2 つの異なる h における測定があれば，α は直線の傾きから求まる．

$$\alpha = \frac{\ln(Q_1/Q_2)}{h_1 - h_2} \quad (14.7)$$

さらに，切片（(14.6)式右辺第 2 項）と α 値を用いて K_s を導出する．現場飽和透水係数を目的とする場合は，最大の給水圧 h_1（多くの場合＝0 cm H_2O）とその次に大きな給水圧 h_2 のときの定常浸入速度を用いて α, K_s を求める．図 14.4 には，以上の手順により求められた飽和透水係数がマトリックポテンシャル 0.0 cm H_2O の縦軸上にプロットされている．

$h_1 - h_2$ 間にある圧力水頭 h に対応する不飽和透水係数 $K(h)$ は，(14.6)，

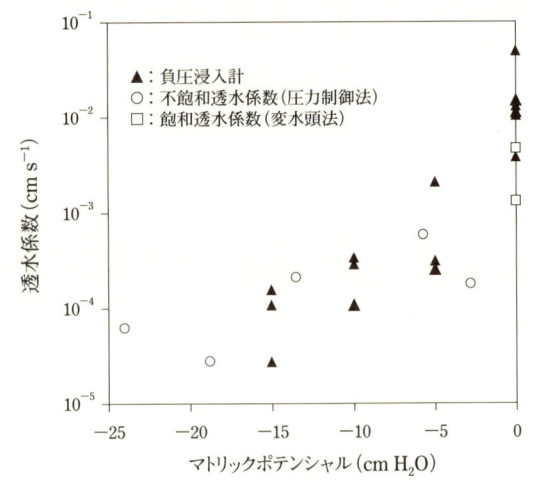

図 14.4 負圧浸入計で測定した飽和・不飽和透水係数の例（東京農工大学連用圃場（未発表））

(14.7)式で求められた α と K_s を(14.3)式に代入して求める．以降 h_3, h_4 と測定を進めていく場合は，連続する二給水圧間の測定において(14.6)式が成立するとして，区分的に α および K_s を求め，(14.3)式を用いて測定範囲内の不飽和透水係数を推定する[4]．多くの場合，給水圧 $h_1 - h_2$ 間よりも小さな給水圧区間では相対的に小さな見かけの K_s が得られるため，原位置飽和透水係数としては $h_1 - h_2$ 間で得られたものを採用する．

負圧浸入計の解析には，その他，非定常流解析[5]や数値解析を用いた逆解析法[6]などがある．本書のホームページ[7]においてその詳細について紹介しているので，興味ある読者はホームページ参照のこと．

4) Reynolds, W. D. and D. D. Elrick (1991) "Determination of hydraulic conductivity using a tension infiltrometer", *Soil Science Society of America Journal*, **55** : 633-639 を参照．
5) たとえば，Haverkamp, R., P. J. Ross, K. R. J. Smettem, and J. Y. Parlange (1994) "Three-dimensional analysis of infiltration from the disc infiltrometer, 2. Physically based infiltration equation", *Water Resources Research*, **30** : 2931-2935 を参照．
6) たとえば，Simunek, J. and M. Th. van Genuchten (1996) "Estimating unsaturated soil hydraulic properties from tension disc infiltrometer data by numerical inversion", *Water Resources Research*, **32** : 2683-2696 を参照．
7) http://soil.en.a.u-tokyo.ac.jp/sp_analysis/

（2） 吸水度の計算

　吸水度（sorptivity；S）は，有名なフィリップの浸潤理論で提案されたパラメータで，乾いた土壌の吸水能と初期水分の関係において重要である他，不飽和透水係数関数や水分拡散係数を予測する際にも用いられることがある．ホワイトとサリーは土壌の間隙特性長（$1/\alpha$）を吸水度で定義し，浸潤初期の非定常な浸潤速度データから求まる吸水度から間隙特性長を求め，ウッディングの式（たとえば，上記(14.5)式）の未知数を K_s のみとし，1回の測定で不飽和透水係数が求まるとした[8]．

$$\frac{1}{\alpha} = \frac{bS^2}{\theta - \theta_i} \tag{14.8}$$

ここで，b は土の水分拡散係数の形状から求まる係数で，多くの土では近似的に 0.55 に近い値を取り，θ_i は初期体積含水率である．

　非定常の鉛直浸潤を表す式としては，フィリップの浸潤式を拡張した次式がもっとも一般的である：

$$I = C_1 t^{\frac{1}{2}} + C_2 t \tag{14.9}$$

ここで I は積算浸潤量，C_1 および C_2 は定数，t は時間である．C_1 および C_2 はさまざまな値やパラメータが提案されているが，ここではハバーカンプら[9]による以下の式を用いる．

$$C_1 = S,$$
$$C_2 = \frac{2-\beta}{3} K + \frac{\gamma S^2}{R(\theta - \theta_i)} \tag{14.10}$$

ここで β は 0 から 1 の値を取る水分拡散係数によって決まる定数，K はこの設定圧力での透水係数，γ は定数で通常 0.75 を用い，S は吸水度，R はディスク半径，θ と θ_i は設定吸水圧力に対応した体積含水率および初期体積含

8） White, I. and M. J. Sully (1987) "Macroscopic and microscopic capillary length and time scales from field infiltration", *Water Resources Research*, **23**：1514-1522 を参照．
9） Haverkamp, *et al. ibid.* を参照．

水率を表す．β は近似的に 0.55 が用いられる．

以上より吸水度 S は，フィリップの式を以下のように変換することで求められる．

$$\frac{dI}{d(t^{\frac{1}{2}})} = C_1 + 2C_2 t^{\frac{1}{2}} \tag{14.11}$$

よって $dI/d(t^{1/2})$ と $t^{1/2}$ をプロットし，直線回帰すると，切片が C_1（つまり吸水度 S），傾きの半分が C_2 となり，吸水度および透水係数を求めることができる．プロットが直線になるかどうかで，フィリップの浸潤式が適用できるかどうかの判断ができる．同時にディスク設置面に敷いた砂の影響を知ることができる．

5 留意事項

(1) ディスクを置く設置部分の均平と水平度が実験の精度に大きく影響する．設置部に凹凸がある場合，凸部しか水が浸潤できないため，透水性を過小評価してしまう恐れがある．また，傾斜があると，低部に正圧が発生してしまうことがある．

(2) マリオット管は，大気に開放した圧力調整管の径に応じて，給水中に多少の圧力変動が生じることに留意する．また，圧力調整管を上下して給水圧を制御するが，給水圧を変えた直後に圧力調整管内に水が入り込むと，その後しばらくの間見かけ上給水量がゼロ（マリオット管の水位が変化しない）になってしまうので，注意する．

(3) 吸水度を測定する場合，浸潤開始直後は給水速度が速く，マリオット管の水位変化を読み取ることが難しい場合がある．このようなときは，計時係と水位測定係で役割を分担して行うことがよい．

(4) 給水圧は，高いほう（0 kPa）から下げていく場合と，最低値から段階的に上げて最後を 0 kPa とする場合がある．

楽しい10のなるほど実験 9
土壌の撥水性

　樹木の多い林や森で土を採取すると，落ち葉の下にやや湿った有機物に富む黒い土を見てとることができる．この黒い土を実験室や家にもち帰り，ストローか何かで水を数滴垂らしてみると，水は瞬時に土の中に吸い込まれて消えてしまう．ところが，この土を数日間，日当たりの良い屋外で乾かした後に再度水を数滴垂らしてみると水滴は瞬時には土に浸み込まず，土の表面で保持された状態になる（図1）．これが「土壌の撥水性」である．

　撥水性は，土粒子や団粒の表面を覆っている有機物質が疎水的な部位をもっているために発生する．しかし，これまでの研究により，土の有機物含有量が大きければ大きいほど撥水性の強さ（度合い）が増すわけではなく，さらに，土の水分量に応じても撥水性の強さが変化することが報告されている．このように，撥水性発現のメカニズムについてはまだ不明な点が数多く残されている．

　撥水性土に連続的に水を流すとどうなるか．はじめは，水が地表に保持されるが，しばらくすると土の中に浸入しはじめる．これを再現するために行った実験が図2である．容器に撥水性土を充塡し，地表に連続的に降雨を与える．水は土層内をほぼ等間隔で局所的に流れていく様子が観察できる．このような局所的な水の流れを「フィンガー流」と呼ぶ．

　土壌の撥水性は，森林土だけでなく農地や乾燥地の土壌でも見られる．そして，撥水性が発現する土は，砂質土から粘質土，泥炭土まで多様である．このなかでも，とくに砂質土は，わずかな有機物含有量でも撥水性が発現する．

図1 土壌撥水性により水滴（径1cm）が浸入せずに表面で保持される

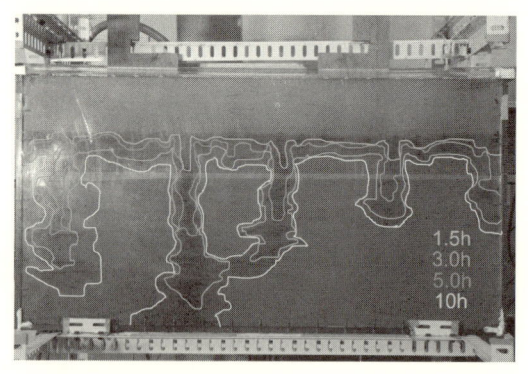

図2 降雨浸潤時に撥水性土壌で発生したフィンガー流．水の流れを時間ごとにトレースしている（写真は横 80 cm）

　農地においては，撥水性は土壌侵食の促進，土の団粒構造の破壊，農作物の発芽・生育阻害など，農地管理において負の効果をもたらすことが報告されている．現在，地球温暖化による土壌乾燥化の進行が懸念されている．土壌乾燥化は直接的に撥水性の発現要因となることからも，撥水性に起因する土壌劣化防止のための農地管理法も今後検討すべき重要な課題と考えられる．

[実験 15]
溶質の動きやすさと混ざりやすさを測る
——溶質移動特性

　植物生育に不可欠な肥料分，有害な塩分，地下水汚染の原因となる汚染物質（の大半）などは，多くの場合溶質として存在し，水を溶媒とする溶液として土壌中を移動する．溶質移動の第1のメカニズムは水移動に伴って輸送される溶質移動であり，これを移流（convection または advection）という．第2のメカニズムは，土壌溶液中での溶質分子の熱運動による拡散（diffusion）移動で，その濃度勾配に比例して移動する．さらに，溶質移動の第3のメカニズムとして重要なものは，水力学的分散（mechanical dispersion, 水理学的分散（hydrodynamic dispersion）ともいう）である．土壌水の流れの速度（間隙流速）は，微視的に見ると一様ではなく，著しく不均一なので，この間隙流速の不均一性による複雑な混合が起こる．第3のメカニズムはこの混合過程をいう．

　実際の土壌中では，移流，拡散，混合過程が同時に進行しており，このうち拡散と混合を合わせて「溶質分散（solute dispersion）」と呼ぶ．したがって，溶質移動は移流と分散によって生じるといえ，そのフラックスは

$$q_s = -D\frac{\partial c}{\partial x} + q_l c \qquad (15.1)$$

で表される．ここで，q_s：溶質フラックス（mg cm^{-2} s^{-1}），D：溶質分散係数（cm^2 s^{-1}），c：溶質濃度（mg cm^{-3}），q_l：液状水フラックス（cm s^{-1}）

である．これを連続の方程式（1次元の場合）に代入することにより，溶質移動の基礎方程式

$$\frac{\partial(\theta c)}{\partial t} = -\frac{\partial}{\partial x}\left(-\theta D \frac{\partial c}{\partial x} + q_\mathrm{l} c\right) \tag{15.2}$$

が得られる．この式は，移流分散方程式（convection-dispersion equation；CDE）として知られている．ここで，θ は体積含水率である．ここで，右辺括弧内の第1項は分散項，第2項は移流項と呼ばれる．2次元的移動や，土粒子による吸着や分解，植物根による吸収などの影響がある場合は，さらにそれらの項を加える必要がある．

溶質分散係数は拡散係数 D_i と水力学的分散係数 D_m の和である．

$$D = D_\mathrm{i} + D_\mathrm{m} \tag{15.3}$$

土壌中の拡散は，土壌溶液が屈曲して保持されているために，移動経路が長くなり，同じ温度の水中に比べ小さくなる．

$$D_\mathrm{i} = D_\mathrm{w} \tau_\mathrm{s} \tag{15.4}$$

ここで，D_w：水中の拡散係数（塩化ナトリウムの場合，25℃で 1.52×10^{-5} cm^2 s^{-1}），τ_s：溶質拡散に関する屈曲係数（0-1）である．これがすなわち，土の中における溶質の「広がりやすさ」を表している．さらに，屈曲係数は，水分が小さくなるほど小さくなる（移動経路がより屈曲し，移動経路が長くなるため）．この屈曲係数と水分の関係は土壌ごとに異なるため，正確な溶質移動を予測するためには，異なる水分に対して屈曲係数を測定しておく必要がある．

一方，水力学的分散係数 D_m は平均間隙流速 $v(=q_\mathrm{l}/\theta)$ におおむね比例し，その比例係数 λ は分散長（cm）と呼ばれ，土壌溶液が流れる際の「混ざりやすさ」を表している．

$$D_\mathrm{m} = \lambda(\theta)|v| \tag{15.5}$$

この分散長も土壌によって異なるため，測定しておく必要がある．(θ) とは，体積含水率に依存するという意味である．なお，水分移動特性が不均一な土壌では，分散長が観測（実験装置）スケールにおおむね比例して大きくなるという興味深い性質が知られている．本実験ではできるだけ均一に充填した土壌試料を想定する．その場合，得られる分散長は，原位置における値よりも小さな値になることが多いと考えられる．

1 半ブロック法による拡散係数（D_i）ならびに屈曲係数（τ_s）の測定

(1) 考え方

移動方向が水平（x）方向のみで，水分が均一に分布していて，移流がない（$q_1=0$）場合，拡散のみによる移動となり，CDE は次式のように簡略化される．

$$\frac{\partial c}{\partial t} = D \frac{\partial^2 c}{\partial x^2} \tag{15.6}$$

このとき，本実験で説明する実験に対応する初期条件，境界条件を与えると(15.7)式のような解析解が得られる．そこで，一定時間経過後の溶質濃度分布を測定し，非線形最小2乗法を用いて解析解と比較することで，拡散係数を決定できる．さらに，水中における分子拡散係数が既知の場合は(15.4)式を用いて屈曲係数を得ることができる．

$$C_r(x,t) = \frac{1}{2} - \frac{\pi}{2} \sum_{n=1}^{\infty} \frac{1}{(2n-1)} (-1)^{n-1} \cos\left[\frac{(2n-1)\pi x}{L}\right]$$
$$\times \exp\left\{-\left[(2n-1)\frac{\pi}{L}\right]^2 D_m t\right\} \tag{15.7}$$

ここで，C_r は，後述（(15.13)式）する相対濃度，L は，円筒カラムの全長，t は，時間である．(15.7)式は無限級数であるが，実際には $n=4-6$ 程度で十分な精度が得られる．

(2) 準備するもの

1) 内径 2.0 cm 程度，長さ 1 cm，肉厚 0.5 cm 程度のアクリルリング 10 個．うち 2 個は片側をプラスチック板で閉鎖しておく．
2) 注射器（ツベルクリン用の 1 mL のものがよい）．
3) ロート．
4) 溶質（塩化ナトリウムがよく用いられるが，粘土質土壌の場合，塩化カルシウムが望ましい）．
5) EC 計．
6) ビーカー．
7) 蒸留水（または脱イオン水）（もしくは水道水．その場合はあらかじめ EC 値を測定しておく．水溶液を調整する場合は蒸留水を使うこと）．
8) 電子天秤（最小読み取り値 0.1 g 以下のもの）．
9) 透明粘着テープ（たとえば，スコッチのポリプロピレン製透明美色テープなど）．

(3) 測定方法

1) あらかじめ供試土壌に蒸留水（粘土質土壌の場合 0.01 M 塩化カルシウム水溶液）を 2 ポアボリューム以上通し，よく土壌塩分を洗い流した後，風乾させる．ポアボリュームとは，流出量を土壌の間隙量で除したものである．また，土壌の間隙量は，土壌の全体積と間隙率の積で与えられる．
2) 高濃度側の溶液を準備する．ある程度の濃度がないと残留溶質の影響が相対的に大きくなり，電気伝導度による溶質濃度の測定の誤差が大きくなるが，濃すぎると溶液の密度の差による溶液移動が生じたり，EC 計の測定レンジを超えてしまうため，重量濃度にして 1 % 以下にすべきである（EC の測定については，実験 11 を参照）．
3) アクリルリング 5 本を 1 本ずつ透明粘着テープで隙間の生じないようにつなぎ，5 cm 長の円筒を 2 本作成する．2 本とも一端を閉じておく．
4) リングで組み立てた長さ 5 cm の片側閉鎖カラム 2 本にロートを使っ

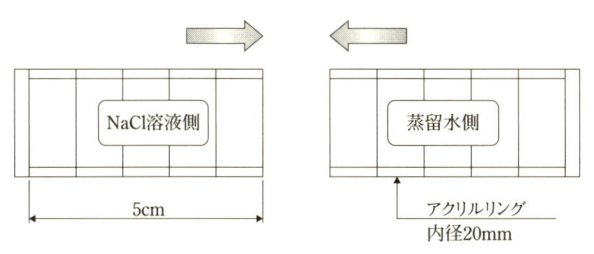

[実験15] 溶質の動きやすさと混ざりやすさを測る——溶質移動特性　　147

図15.1　半ブロック法による土壌溶質拡散係数測定の概略図

て風乾供試土を充填する．あらかじめ，1 cm 分ごとに所定（たとえば，当該圃場の平均的な乾燥密度）の乾燥密度になるように詰めるべき風乾土壌の質量を計算して，小袋に小分けしてから詰めていくとよい．

5) 1 cm 詰めるごとに，目標とする水分になるように，片方に低濃度側として蒸留水，もう片方に高濃度側の水溶液を均一に滴下する．水分が少なくてうまく広がらない場合には，土壌試料充填 0.5 cm ごとに 4），5) を行う．双方の最上端のリングについては，なるべく圧縮せず，2 mm 程度盛り上げておいて，2 本の円筒を合体したときの接合面における土の接触が確保されるようにする[1]．

6) 図 15.1 のように低濃度側と高濃度側双方のブロックを合体させ，土壌を密着させる．この時点を $t=0$ とする．

7) 湿度保持のために湿らせたティッシュペーパーを同梱した密閉容器に入れ，恒温の暗所で 70-200 時間程度静置する．ティッシュペーパーには適宜加水し，常時湿っているようにする．

8) カラムを解体し，各リングごとに，含水比，体積含水率を測定するとともに，電気伝導度を測定し，塩濃度分布に換算する．測定結果の例を図 15.2 に示す．

---

1) 土壌によっては，あらかじめビニール袋の中に所定の水分量，塩分濃度になるように土壌，水，塩を入れてよく混合した後 1 日程度静置した試料を充填して実験するほうがうまくいくこともある．

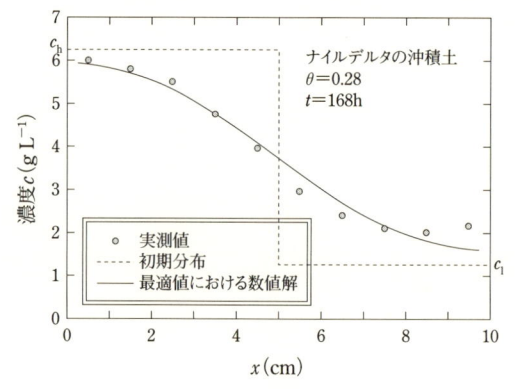

図 15.2 半ブロック法で 168 時間後の円筒内の塩濃度分布の例

（4） データ解析

1) 初期濃度の算定

準備段階で完全に溶質を洗い落とすことは難しい上に，風乾土壌には 1-5％程度の水分が含まれるため，完全に高濃度側と低濃度側の濃度を設定することは困難である．いくらの濃度で水を与え，最終的にカラム内の溶質量がいくらであったかはわかるので，そこから初期状態の低濃度側と高濃度側の濃度を求める．高濃度側の初期溶質総量と高濃度側のそれの和は解体時の溶質総量に等しい．

$$5(\theta_{ap}c_{ap} + \theta_{ads}c_{ads})\Delta x + 5\theta_{ads}c_{ads}\Delta x = \sum_{i=1}^{10} \theta c_i \Delta x \tag{15.8}$$

ここで，Δx はリングの幅（ここでは 1 cm）で，添字 ap は加えたものの値，ads は風乾土壌の値，添え字 i はリング番号を示す．したがって，低濃度側の初期濃度が次式で得られる．ただし，低濃度側に塩化カルシウム水溶液や水道水を与えた場合は，さらにその分を(15.9)式に加えること．

$$c_{ads} = \frac{\sum_{i=1}^{10} \theta c_i - 5\theta_{ap}c_{ap}}{10\,\theta_{ads}} \tag{15.9}$$

[実験15] 溶質の動きやすさと混ざりやすさを測る――溶質移動特性　149

　風乾土壌に含まれていた体積あたりの溶質量と，それに蒸留水を加えて所定の水分に設定した際の（低濃度側の）それは等しい．

$$\theta_{ads}c_{ads} = \theta c_l \tag{15.10}$$

ここで，c_l：低濃度側の初期濃度である．したがって，c_l は

$$c_l = \frac{\sum_{i=1}^{10} \theta c_i - 5\theta_{ap}c_{ap}}{10\theta} \tag{15.11}$$

となる．一方，高濃度側の初期濃度 c_h は，

$$c_h = \frac{\theta_{ap}c_{ap}}{\theta} + c_l \tag{15.12}$$

で得られる．

2) 相対濃度への変換

　各リング内の濃度を次式で c_h を上限値，c_l を下限値とする相対濃度 C_r (0-1) に変換する．

$$C_r = \frac{c - c_l}{c_h - c_l} \tag{15.13}$$

3) 拡散係数の決定

　非線形最小2乗法が利用可能なソフトで解析解（15.7）に対して測定値を適合させ，パラメータ D_i もしくは τ_s を得る．たとえば，逆解析用のソフトウェア Diffinversion を http://soil.en.a.u-tokyo.ac.jp/sp_analysis/ からダウンロード（無料）してインストールし，相対濃度を端から並べたテキストファイルを作成してから実行する．ファイルを指定し，溶質の種類を選択して温度と時間を入力して逆解析を開始すると屈曲係数とその値における濃度分布の数値解が出力される．（15.4）式にしたがい水中の分子拡散係数に屈曲係数を乗じたものが土壌中の溶質拡散係数である．

2 定常浸透法による溶質分散係数（D）の測定

(1) 考え方

鉛直方向に圧力水頭が均一で，重力によって下向きに定常な水流（フラックス＝q）が成立している場合，移流分散方程式（CDE）は，平均間隙流速 $v=q/\theta$ を用いて次のように簡略化される．ここで，θ は土壌の体積含水率である．

$$\frac{\partial c}{\partial t}=D\frac{\partial^2 c}{\partial z^2}-v\frac{\partial c}{\partial z} \tag{15.14}$$

上の偏微分方程式に対して，初期濃度が0の土壌の上部境界に一定の溶質フラックスを与えた場合の解析解が得られている[2]．

$$\begin{aligned}c(z,t)=&\left\{\frac{1}{2}\mathrm{erfc}\left[\frac{z-vt}{\sqrt{4Dt}}\right]+\sqrt{\frac{v^2 t}{\pi D}}\exp\left[-\frac{(z-vt)^2}{4Dt}\right]\right.\\&\left.-\frac{1}{2}\left(1+\frac{vz}{D}+\frac{v^2 t}{D}\right)\exp\left(\frac{vz}{D}\right)\mathrm{erfc}\left[\frac{z+vt}{\sqrt{4Dt}}\right]\right\}\end{aligned} \tag{15.15}$$

ここで，erfc は余誤差関数で，

$$\mathrm{erfc}(x)=1-\mathrm{erf}(x)=1-\frac{2}{\sqrt{\pi}}\int_0^x \exp(-\xi^2)\mathrm{d}\xi \tag{15.16}$$

と定義されている．

風乾土壌を充填した鉛直カラムの土壌面に一定流束で水（溶液）を滴下すると，浸潤前線から10 cmほど上の位置から土壌面までの土の水分量は，水フラックス $q=k(\theta)$ となるような水分量 θ でほぼ均一になる．したがって，間隙流速 $v=$ 一定で溶質を与える実験を行い，所定の時間 t における浸潤前線より 10 cm 以上，上方の溶質濃度分布の測定値と解析解（15.15）が一致するように非線形最小2乗法を用いて分散係数を決定する．

---

2) Skaggs, T. H. and F. J. Leij (2002) "6.3 Transport : Theoretical analysis", 文献 [10], pp. 1353-1380 を参照．

[実験15] 溶質の動きやすさと混ざりやすさを測る——溶質移動特性　151

（2）準備するもの

1) 内径 2.0 cm 程度，長さ 1 cm，肉厚 0.5 cm の透明アクリルリング 20 個．うち下端に用いる 1 個は片側に金属メッシュもしくは薄いプラスチックのパンチングボードを接着しておく．
2) ローラーポンプ（または，チューブポンプ，ペリスタポンプ）．
3) ロート．
4) カラムを支えるスタンド．
5) 溶質（塩化ナトリウムがよく用いられるが，粘土質土壌の場合，塩化カルシウムが望ましい）．濃度は 20-50 mmol L^{-1} 程度．
6) EC 計．
7) ジップ付きビニール袋．
8) 透明粘着テープ（たとえば，スコッチのポリプロピレン製透明美色テープなど）．
9) 電子天秤（最小読み取り値 0.1 g 程度のもの）．
10) 水道水（もしくは蒸留水．水道水の場合はあらかじめ EC を測定すること）．
11) ビーカー．

（3）測定方法

1) 1 の（3）の 1) と同様に供試土壌を用意する．
2) 使用する電解質溶液を準備する．ある程度の濃度がないと残留溶質の影響が相対的に大きくなり，電気伝導度による溶質濃度の測定の誤差が大きくなるが，濃すぎると溶液の密度の差による溶液移動が生じたり，EC 計の測定範囲を超えてしまうため，重量濃度にして 1% 以下にすべきである（EC の測定については，実験 11 を参照）．
3) アクリルリングを透明粘着テープを使って隙間が生じないように繋ぎ 5 cm の円筒を 4 本作成する．そのうち 1 本は，一端に金属メッシュもしくは薄いプラスチックのパンチングボードを接着する．
4) リングで組み立てたカラムに風乾供試土をロートを使って充填する．

一度に 20 cm もの高さから落下させると空気抵抗によって粒子の分画が起こってしまうため，5 cm ごとにリングを連結するとよい．下端に金属メッシュもしくは薄いプラスチックのパンチングボードを接着した円筒から試料を詰め始め，他の円筒は，適宜，透明粘着テープを用いて接続・延長する．

あらかじめ 1 cm 分ごとに所定（例：対象圃場の平均的な値）の乾燥密度になるように，詰めるべき風乾土壌の質量を計算してジップ付きビニール袋に取り分けておくと効率がよい．

5) ローラーポンプの出入りを配管し，土壌面の中央に所定の流速で蒸留水もしくは，6)で使う溶液を 10 倍程度希釈した低濃度溶液を滴下する．流速は本来，目標とする水分に合わせて決定すべきであるが，早く滴下実験を終了させたい場合には，飽和透水係数の 2/3 程度がよい[3]．このとき，ほぼ飽和水分になるため，終了時間をおおむね推定できる．

6) 多くの土において，浸潤前線で水分量が急変する幅が 5 cm 程度で，その上方では，水分量がほぼ均一であることから，浸潤前線が深さ 10 cm を過ぎたらローラーポンプへの供給を蒸留水から所定の濃度の電解質溶液に切り替える．このとき，一時的に滴下位置を土壌から外し，ローラーポンプの流速を上げてチューブ内の溶液をすみやかに置換して滴下濃度を切り替え，もとの流速および滴下位置に戻す．切り替えた時間を $t=0$ とする．

7) 溶質前線（$=Vt$）が深さ 10 cm 程度に達したと推定される時刻（溶質前線の移動速度は浸潤前線の移動速度とほぼ等しいため，上述 5) で浸潤前線が 10 cm に達した時間を目安とする）になったら滴下をやめ，上から順にすみやかにリングを切り離し，電気伝導度測定を行うとともに，含水比，体積含水率の測定を行う．電気伝導度値は，溶質濃度分布に換算する．測定例を図 15.3 に示す．

---

3) 砂の場合，風乾砂に飽和透水係数以下の液状水フラックスを与えると浸潤前線が不安定になる場合がある．そのような場合，あらかじめ湛水浸潤で土壌全体を飽和させた後，目標とする水分になるような滴下速度に切り替える．下端には吸引法と同様の方法で 30 cm 程度のサクションを与え，排水を促す．

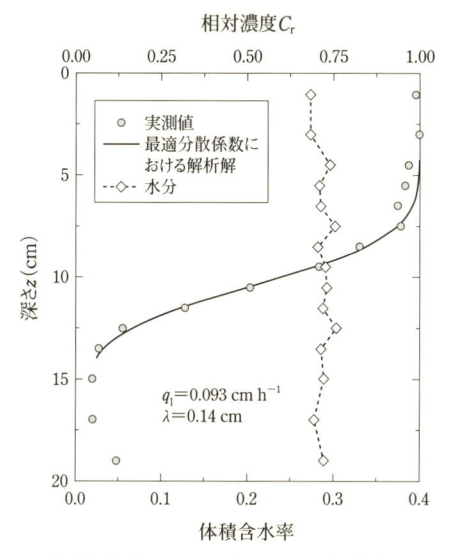

[実験15] 溶質の動きやすさと混ざりやすさを測る——溶質移動特性　153

図 15.3　定常浸透法における水分および溶質濃度分布の例

(4) データ解析

1) 相対濃度への変換

(15.13)式で相対濃度に変換する．c_h は与えた溶液の濃度である．前半に滴下した蒸留水が土壌中の溶質を洗い流す効果をもつため，c_l を 0 としてよいだろう．一方，カラム下端付近はその結果，濃度がやや高くなることがある．その場合，この領域は解析から除外する．希薄な電解質溶液を流した場合は，その濃度を c_l とする．

2) 非線形最小 2 乗法ができるソフトウェアの入力ファイル作成と実行

余誤差関数も扱える非線形最小 2 乗法ができるソフトウェアであれば何でもよいが，たとえば XYGraphger を http://soil.en.a.u-tokyo.ac.jp/sp_analysis/ からダウンロード（無料）してインストールし，深さの列と相対濃度の列を並べたテキストファイルを作成し，それを読み込んでグラフ表示する．次に，メニューで［挿入］→［曲線］→［非線形最小二乗法］を選択し，(15.15)式を入力し，実行する．実際の入力は手間がか

かるので，上記の URL からサンプルファイルをダウンロードして活用するとよい．

3) D_i，D_m の分離と分散長 λ の決定

上の非線形最小 2 乗法で得られるのは溶質分散係数 D である．水中の分子拡散係数を既知とすると，屈曲係数と水分の関係がわかっていれば D_i が得られるので，それを差し引くと D_m が得られる．D_m を v で除せば λ が得られる．

3 留意事項

（1） 土壌中の溶質拡散係数を測定する場合，水分量が高くなると，重力によって下方へ流れる土中水の流れに乗った溶質の移動が生じ，円筒の軸方向1次元の拡散移動という仮定が担保できなくなる．これを防ぐために，比較的乾いた状態で実験を行うか，どうしても水分の高い状態で実験を行う必要がある場合は，図15.4 に示すような装置を用いて円筒

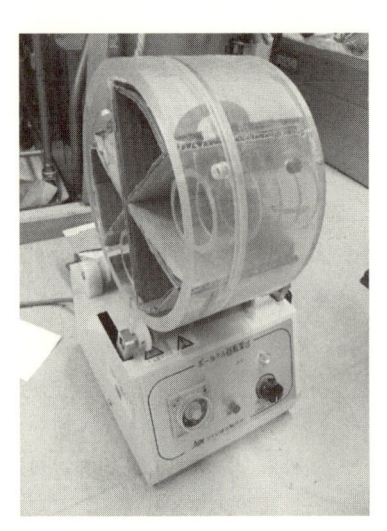

図 15.4　半ブロック法を行うときに塩の偏りが生じないように回転させるとよい

カラムを定期的に回転し，径方向に及ぶ重力流れの影響を緩和するようにしなければならない．
（2） 土壌中の水分量差や温度勾配による水移動が結果を左右するので，試料の充填やカラムを静置する実験室の温度環境については十分に配慮する必要がある．
（3） ローラーポンプが 2 系統可能な場合は，蒸留水または低濃度溶液と高濃度の溶液と 2 系統設定し，給液ラインを切り替えることで滴下濃度を切り替える．
（4） 実濃度を相対濃度に変換した後にデータ解析を行うため，電解質溶液との EC の違いが明確であれば，使用する水の質はそれほど重要ではないが，土壌中の粘土画分の分散による土壌構造や透水性の変化が問題にならない場合は電解質を含まない蒸留水や純水を使用することもある．
（5） 本書では，溶質の土壌への吸着がないことを仮定している．吸着のあるような場合は，文献 [7] や [16] を参照のこと．

[実験16]
熱の伝わりやすさと温度変化のしやすさを測る
——熱伝導率と熱拡散係数

　土壌中における熱の伝わりやすさや地温変化のしやすさを知ることは，さまざまな分野から重要である．たとえば，農業分野においては，種子の発芽や作物の生長は地温に大きく左右される．また，硝化・脱窒などの微生物学的化学反応も地温の影響を受ける．さらに，環境分野においては，土壌中に廃棄された汚染物質の移動や反応速度も地温の影響を受ける．

　土壌中の熱フラックス q （W m^{-2}）は，フーリエの式

$$q = -\lambda \frac{dT}{dx} \tag{16.1}$$

で与えられる．ただし，λ （W m^{-1} K^{-1}）は土壌の熱伝導率，T は温度である．熱伝導率は，体積含水率と土粒子を構成する鉱物の種類に依存する．鉱物の種類の経時的な変化は非常に小さいので変化しないと仮定しても差し支えないが，体積含水率は降雨や蒸発散に伴って大きく変化する．土壌水分は空気より熱伝導率が大きいので，通常，体積含水率が増加すると土壌の熱伝導率も単調に増加する．

　一方，土壌の温度変化は，熱拡散係数 κ （m^2 s^{-1}）

$$\kappa = \frac{\lambda}{C_v} \tag{16.2}$$

によって決定される．ただし，C_v は体積熱容量（J m^{-3} K^{-1}）である．熱拡

[実験 16] 熱の伝わりやすさと温度変化のしやすさを測る——熱伝導率と熱拡散係数　157

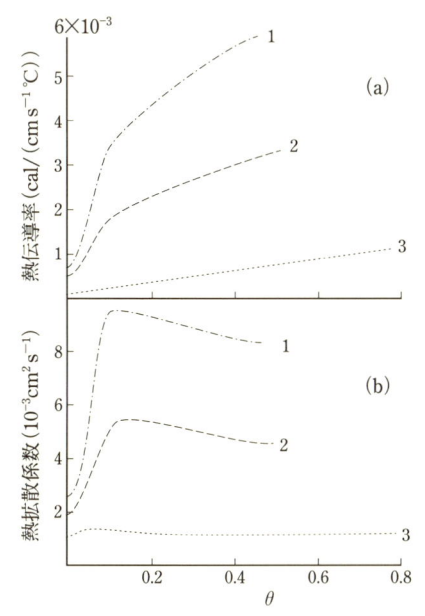

図 16.1 熱伝導率 (a) と熱拡散係数 (b) の比較. 図中の 1 は乾燥密度 1.46 Mg m^{-3} の砂, 2 は乾燥密度 1.33 Mg m^{-3} のローム土, 3 は固相率 20% の泥炭土壌[1]

散係数の大きさも体積含水率に依存するが, 体積熱容量も体積含水率に依存するので, 熱拡散係数は体積含水率によって増加することも減少することもある.

図 16.1 は, 砂, ローム土, 泥炭土について, 熱伝導率と熱拡散係数を体積含水率の関数で表したものである. これらは 1975 年のドフリースの論文に基づいてヒレルが作製した図なので, SI 単位ではなく, 旧来単位が使われているが, 熱拡散係数が体積含水率の増加とともに減少していることがよくわかる.

本実験では, 土壌の熱拡散係数を測定するとともに土粒子の比熱の測定, 熱伝導率の算出を行う.

---

1) Hillel, D. (1998) *Environmental Soil Physics*, Academic Press, New York より.

1 熱拡散係数の測定

（1） 準備するもの

1) 恒温水槽（発泡スチロール製容器）1個．
2) デジタル温度計2個（台所用のもので可，0.1℃精度）．
3) ストップウォッチ1個．
4) 小型ヒーター（熱帯魚用で可）1個．
5) 金属製シリンダー（250 mL コーヒー缶などで代用可）2個．
6) 恒温乾燥炉（105℃）．
7) ノギス1本．
8) ジップ付きビニール袋（たとえば，ジップロック）大5個．
9) アルミ皿もしくは磁皿　大1個．
10) 電子天秤（最小読み取り値 0.01 g）1台．
11) マジック1本．

（2） 試料の準備（図 16.2 参照）

1) 250 mL コーヒー缶の上部を缶切で取り外してコーヒー缶シリンダーを5つ作成する．それぞれの質量と内径 D （m）をノギスで測定する．
2) コーヒー缶シリンダーに7分目位まで風乾土壌を入れた後，シリンダー内の土壌長さ L （m）をノギスで測定する（直接測定できない場合は，シリンダー上端から土壌上面までの長さを測定し，シリンダー長から差し引く）．その後，土壌をアルミ皿に取り出して質量（M_s）を量る．内径 D，長さ L と質量 M_s を用いて乾燥密度 ρ_d （g cm^{-3}）を求める．
3) 2）で決定したものと同質量の風乾土壌試料を5つ作って，それぞれをジップ付きビニール袋に入れる．
4) 体積含水率 θ = 風乾，0.1, 0.15, 0.2, 0.3 （m^3 m^{-3}）の水分量になるようにジップ付きビニール袋内のそれぞれの風乾土壌試料に水を加え，土壌玉がなくなるまでよく混ぜ，室温と平衡に達するまで静置する．砂や砂質では容易に均質になるが，細粒分が多い埴土では，土塊（clod）

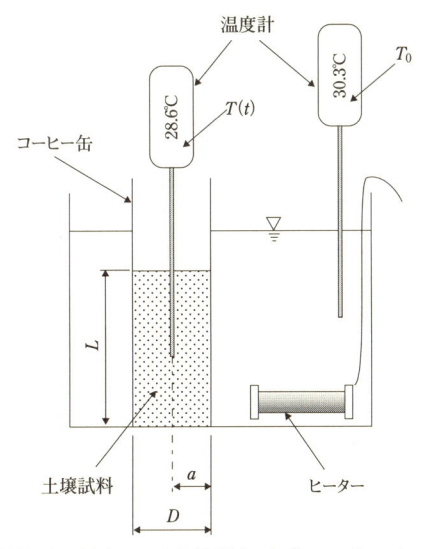

[実験16] 熱の伝わりやすさと温度変化のしやすさを測る——熱伝導率と熱拡散係数　159

図 16.2 実験装置の概略図. L は土壌長さ（m），D はシリンダー内径（m），a はシリンダー半径（mm），T_0 は恒温水槽温度（℃），$T(t)$ は時刻 t における土壌温度（℃）を示す

や団粒（aggregates）がなくならず，均質にならないこともある．使用する土の質量 M_s に対して加える水の質量（M_w）は，次の式で求められる．

$$\theta\left(\frac{\rho_w}{\rho_d}\right) \times M_s = M_w \quad (実験3を参照)$$

5) 水槽にコーヒー缶シリンダーの8分目くらいまでになるように恒温水槽を水（湯）で満たし，ヒーターを気温より 5-10（℃）程度高い温度に設定して水槽の水の中に投入する．

(3) 測定方法

1) 体積含水率を調整した土壌試料の温度が室温と平衡状態に達した後，シリンダーにできるだけ均一に充填する．土壌試料が長さ L （m）にな

るように充填する．充填の際は，土壌試料の初期温度が変化しないよう，できるだけシリンダーに肌が触れないようにする．

2) 次に，シリンダーを上から見て中心部にデジタル温度計を鉛直に挿入する．シリンダーの中央（深さ $L/2$）付近に温度計先端部がくるように挿入する．このときもシリンダーに肌が触れないように注意する．

3) 水温が T_0（℃）の恒温水槽に土壌を充填したシリンダーを浸す（図16.2）．このときを $t=0$（s）とする．また，このとき測定した土壌温度を初期温度 T_i（℃）とする．

4) $t=0$（s）から $t \leq 300$（s）（5分）は，10秒ごとに円筒中の土壌試料の温度 $T(t)$（℃）を測定する．$t>300$（s）では，30秒ごとに測定する．土壌温度の測定中はときどき温水を攪拌して，恒温水槽の中の T_0（℃）ができるだけ均一になるようにする．恒温水槽の T_0（℃）は1分ごとに測定する．測定は，$\dfrac{T(t)-T_i}{T_0-T_i} > 0.718$ になるまで続ける．

5) 測定が終了したら，恒温水槽からシリンダーを取り出し，シリンダー周囲の水分をよく拭きとってから質量を量る．

6) 湿潤土壌の入ったシリンダーを恒温乾燥炉に入れ，24時間後に体積含水率 θ（$m^3 m^{-3}$）を決定する．

（4）データ解析

1) 測定した初期温度 T_i，恒温水槽の温度 T_0 の平均値，測定したシリンダー内土壌試料の温度 $T(t)$ から，(16.1)式によりそれぞれの測定時間に対する相対温度 $T_r(t)$ を計算する．

$$T_r(t) = \frac{T(t)-T_i}{T_0-T_i} \tag{16.3}$$

2) 表16.1で示されるように相対温度 $T_r(t)$ の値が 0.004，0.029，0.082，0.152，0.338，0.498，0.718 になるときの経過時間 t（s）を求める．測定した相対温度 T_{r1} と T_{r2} の間に相対温度 y（表16.1左列の値）が存在す

[実験16] 熱の伝わりやすさと温度変化のしやすさを測る——熱伝導率と熱拡散係数　　161

表 16.1 相対温度 T_r と $\dfrac{\kappa t}{a^2}$ の関係

$T_\mathrm{r}(t) = \dfrac{T(t)-T_\mathrm{i}}{T_0-T_\mathrm{i}}$	$\dfrac{\kappa t}{a^2}$
0.004	0.04
0.029	0.06
0.082	0.08
0.152	0.10
0.338	0.15
0.498	0.20
0.718	0.30
0.842	0.40
0.950	0.60

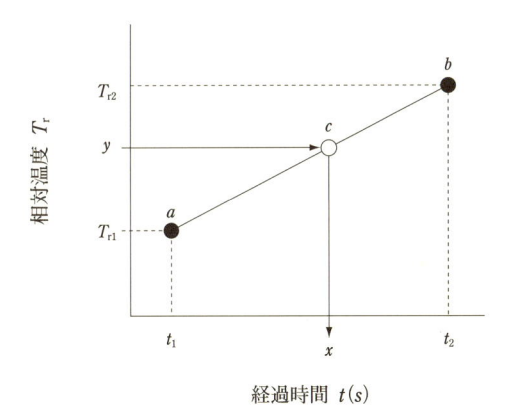

図 16.3 既知の点 a (t_1, T_r1) と点 b (t_2, T_r2) を結ぶ直線上にある点 c (x, y) の既知である y 値に対する x 値を求める

るとき，既知の y に対する x の値は (16.4) 式によって内挿して求める（図 16.3 を参照）．

$$x = t_1 + (y - T_\mathrm{r1})\left(\dfrac{t_2 - t_1}{T_\mathrm{r2} - T_\mathrm{r1}}\right) \tag{16.4}$$

ここで，t_1 と t_2 はそれぞれ相対温度 T_r1 と T_r2 を測定したときの経過時間 (s) である．

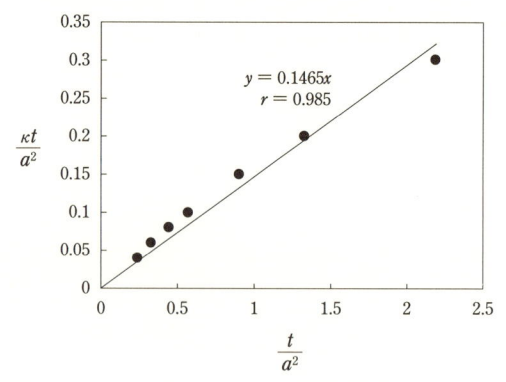

図 16.4 実測値と表 16.1 の値 ($\kappa t/a^2$) から熱拡散係数 κ を求めるための線形回帰式の関係

3) 2)で計算した $T_r(t)$ に対応する経過時間 t (s) とシリンダー半径 a (mm) から t/a^2 を計算して，この値を x 軸に取る．次に，$T_r(t)$ に対応する $\kappa t/a^2$ の値を表 16.1 右列から読み取って，この値を y 軸に取る．そして，これらの値に対して $y=\alpha x$ で線形回帰する．この回帰直線の傾き α が，熱拡散係数 κ （$\mathrm{mm^2\,s^{-1}}$ または $\times 10^{-6}\,\mathrm{m^2\,s^{-1}}$）である．

4) 線形回帰式 $y=\alpha x$ の傾き α と相関係数 r は，(16.5)式のように計算する．

$$\alpha = \frac{\sum xy}{\sum x^2}, \quad r = \sqrt{\frac{(\sum xy)^2}{\sum x^2 \sum y^2}} \tag{16.5}$$

5) 図 16.4 のようにデータと線形回帰式をグラフに描き，回帰式の計算が妥当かどうか確認する．線形回帰式が●で描いたデータの並びをうまく表していることがわかる．相関係数 r は，データがどれほど直線に近いかを表す指標で，$-1 \leq r \leq +1$ の範囲の値を取る．r が -1 または 1 に近いほど直線に近いことを表す．図 16.4 の例では，$\kappa = 0.1465$（$\mathrm{mm^2\,s^{-1}}$），$r=0.985$ である．

2　土粒子の比熱測定および熱伝導率の算出

(1)　準備するもの
1) デジタル温度計（最小読み取り値 0.01℃以下）1 本.
2) 断熱材で包んだ魔法びん（容量 350 mL 程度）1 個.
3) 電子天秤（最小読み取り値 0.01 g）1 台.

(2)　測定方法
1) 質量 M_{wc} の水を魔法びんに入れて，しばらく経って水温変化が微小になったときの水温 T_c を測定する．さらに，温度 T_a の水を M_{wa} 加えた後，水温が安定し，温度変化が微小になったときの最終的な水温 T を測定する．魔法びんの熱容量 c_c (J K^{-1}) を (16.6)式によって決定する．

$$c_c = \frac{M_{wa}c_w(T_a - T)}{T - T_c} - M_{wc}c_w \tag{16.6}$$

ここに，c_w は水の比熱（= 4.18 J g^{-1}K^{-1}），M_{wc} は魔法びんに最初に入れた水の質量 (g)，M_{wa} は魔法びんに追加した水の質量 (g)，T_c はそれぞれ魔法びんに入れてある水の温度（℃），T_a は追加した水の温度（℃），T は魔法びんの中で混合した後の水の温度（℃）である．

2) 質量 M_{wc} の水と質量 M_s の炉乾燥土を魔法びんに入れてしばらく経って水温変化が微小になったときの水温 T_c を測定し，質量 M_{wc} で温度 T_a の水を加えて水温変化が微小になったときの最終的な水温 T を測定する．土粒子の熱容量 c_s (J g^{-1} K^{-1}) は(16.7)式から求める．

$$c_s = \frac{1}{M_s}\left\{\frac{M_{wa}c_w(T_a - T)}{T - T_c} - M_{wc}c_w - c_c\right\} \tag{16.7}[2]$$

---

2) Taylor, S. A. and Jackson, R. D. (1986) Heat capacity and specific heat, 文献 [4], pp. 941-944 を参照.

ここに，M_sは炉乾燥土の質量（g）である．

（3） データ解析

1) 土壌の体積熱容量 C_v（J m^{-3} K^{-1}）は，

$$C_v = c_s \rho_d + C_w \theta \tag{16.8}{}^{3)}$$

で近似することができる．ここに，c_sは土粒子の比熱（J Mg^{-1} K^{-1}），ρ_dは土壌の乾燥密度（Mg m^{-3}），C_wは水の体積熱容量（$=4.18 \times 10^6$ J m^{-3} K^{-1}），θは体積含水率（m^3 m^{-3}）である．土粒子を構成する主な鉱物の比熱は，0.80×10^6（石英）-0.90×10^6（J Mg^{-1} K^{-1}）（粘土鉱物）である．

2) 熱拡散係数 κ（m^2 s^{-1}）を測定し，(16.8)式で体積熱容量 C_v（J m^{-3} K^{-1}）の値を知れば(16.2)式を書き換えて熱伝導率 λ を推定することができる．

$$\lambda = \kappa C_v$$

3 留意事項

（1） 表16.1で用いた相対温度 $T_r(t)$ の値は，対応する境界条件，初期条件で熱伝導方程式を解いた解から得た値である[4]．

（2） 熱伝導率を直接測定する方法としては，ヒートプローブ法[5]などがある．

---

3) Taylor and Jackson, *ibid.* を参照．
4) 詳細は，登尾浩助，徳本家康，向井田善朗（2005）「シリンダーに充填した土壌の熱拡散係数を簡易に推定する方法」，『土壌の物理』，**101**：5-10 やたとえば，Carslaw, H. S. and J. C. Jaeger (1959) Chap. 7, *Conduction of Heat in Solids*. 2nd ed. Oxford University Press, New York を参照のこと．
5) 文献 [27] を参照．

楽しい10のなるほど実験10
発熱する土

　乾燥した土壌は，水に濡れると発熱する．この熱を浸漬熱と呼ぶ．実生活においては，とくに夏期の畑地において乾燥した土壌ににわか雨が降った際に，雰囲気の気温が上昇するのを体感することがある．これを実験で確かめてみよう．

1　準備するもの
1) 5 mL シリンジ（1個）．
2) 熱電対温度計（1台）．
3) 容器（1個）．
4) 土壌試料（500 g 程度）．

2　実験
（1）炉乾燥（105℃で一昼夜以上乾燥）した土壌をデシケーターの中で室温まで冷ます．

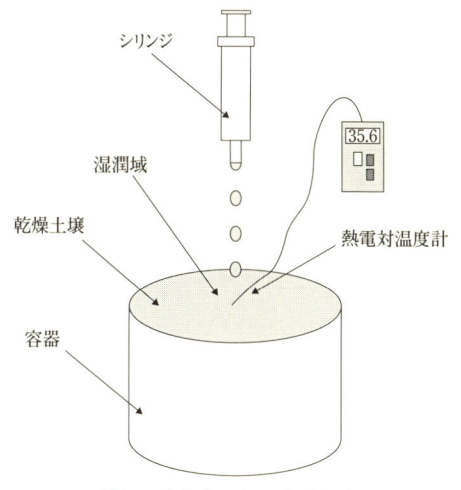

図1　発熱する土の実験概略

(2) 適当な容器に,(1)で準備し終わり,室温になった乾燥土壌を充填する.
 (3) 充填した土壌に熱電対温度計の感熱部を地表面から 0.5 cm 程度差し込む.
 (4) 室温と同じ温度の水を 1.0 mL(砂の場合は 0.5 mL)シリンジから温度計付近の乾燥土壌表面に静かに滴下する.
 (5) 熱電対温度計の温度上昇を記録する.

3 実験結果

図2は関東ローム,モンモリロナイト系土壌,カオリナイト系土壌,豊浦砂を使った結果の例である.土壌別の粘土・砂分率と最大上昇温度を表1に示す.粘土分がた

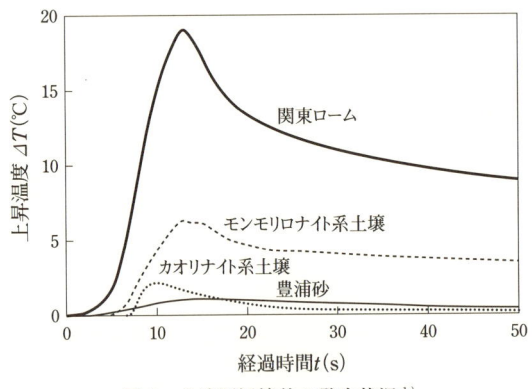

図2 土壌別浸漬熱の発生状況 [1]

表1 土壌別の粒度分布と最大上昇温度 [2]

試料名	含有粘土鉱物	粘土分率(%)	砂分率(%)	最大上昇温度(℃)
関東ローム	アロフェン	46.0	13.1	19.1
モンモリロナイト系土壌	モンモリロナイト カオリナイト	49.5	10.8	5.9
カオリナイト系土壌	バーミキュライト イライト カオリナイト	10.0	69.4	2.2
豊浦砂	バーミキュライト イライト	0.3	99.7	1.0

---

1) 柳田学(2008)未発表.
2) 柳田学(2008)未発表.

くさん含まれている土壌のほうが,温度が高くなる.同程度の粘土分の関東ロームとモンモリロナイト系土壌を比較すると,非晶質のアロフェンを含む関東ロームは19.1℃の最大温度上昇に対し,モンモリロナイト系土壌は5.9℃の最大温度上昇にとどまり,前者のほうが3倍程度発熱することがわかる.

4 解説

浸漬熱の発生は,次のような粘土粒子-水系のエネルギー変化によって生じる(岩田,1976):(1)分子間力場における水分子のポテンシャルエネルギー低下,(2)水和熱,(3)粘土粒子の荷電による水のエネルギー低下,(4)粘土粒子表面と水分子の化学的相互作用によるエネルギーの低下による発熱.この実験と同様の結果は,Aomine and Egashira(1970)によってすでに報告されている.すなわち,浸漬熱は,粘土粒子の比表面積に比例して大きくなる.また,同じ比表面積では,層状粘土鉱物(モンモリロナイト)は,非晶質粘土鉱物(アロフェン)より浸漬熱が小さい特徴がある.

de Vries(1958)は,土壌中を熱・水分が同時に移動する際の浸漬熱を表す理論式を提案したが,Prunty and Bell(2005)は理論と実験の両面からさらなる研究が必要であると述べている.

[引用文献]

Aomine, S. and K. Egashira (1970) "Heat of immersion of allophonic clays", *Soil Sci. Plant Nutr.*, **16**:204-211.

de Vries, D. A. (1958) "Simultaneous transfer of heat and moisture in porous media", *Trans. Amer. Geophys. Union*, **39**:909-916.

岩田進午(1976)「粘土の浸漬熱」,『セラミックス』,**11**:441-447.

Prunty, L. and J. Bell (2005) "Soil temperature change over time during infiltration", *Soil Sci. Soc. Am. J.*, **69**:766-775.

[実験17]
ガス移動を測る
――土壌ガス拡散係数と通気係数

　土壌内の各種成分ガス濃度は，大気中と異なる．窒素ガスは，大気中で78%，土壌中で75-90%を占め，両者にあまり大きな差はないが，酸素ガスは，大気中で21%，土壌中では2-21%であり，土壌中ではかなり低い．逆に，二酸化炭素は大気中で0.03%なのに，土壌中では0.1-10%にも至り，かなり高い．これらの違いの多くは，土壌微生物や植物根の呼吸による．このように，大気中と土壌中のガス濃度組成が著しく異なるため，つねに大気と土壌との間でガス交換が生じている．このガス交換を生じさせるガス移動は，通常，拡散と移流であり，ガス移動の正しい把握は土中のガス循環や耕地土壌の通気不良の解明にとって重要となる．また，温室効果ガスの大気‐土壌間の交換を評価するためにも，ガス移動測定の重要性が高い．

　拡散移動の駆動力は，着目するガスにおける濃度差であり，拡散のガスフラックス q ($g\,cm^{-2}\,s^{-1}$) はフィックの法則を用いて次式で表される．

$$q = -D_p \frac{dC}{dx} \quad (17.1)$$

ここで，D_p：土壌ガス拡散係数 ($cm^2\,s^{-1}$)，C：拡散ガス濃度 ($g\,cm^{-3}$)，x：流れの方向距離 (cm) である．ガス拡散係数の大小は，土壌ガス拡散係数 D_p を大気中のガスの拡散係数 D_0 で除した相対ガス拡散係数 D_p/D_0 で表現されることが多い．

[実験17] ガス移動を測る——土壌ガス拡散係数と通気係数　169

移流移動の駆動力は，存在するガス全体の圧力勾配であり，移流のフラックス q $(\mathrm{g\,cm^{-2}\,s^{-1}})$ はダルシーの法則を用いて次式で表される．

$$q = -k_\mathrm{a} \frac{\rho_\mathrm{g}}{\eta_\mathrm{a}} \frac{\mathrm{d}P}{\mathrm{d}x} \tag{17.2}$$

ここで，k_a：通気係数（cm^2），ρ_g：ガスの密度（$\mathrm{g\,cm^{-3}}$），η_a：ガスの粘性係数（$\mathrm{Pa\cdot s}$），P：ガス圧力（Pa），x：流れ方向の距離（cm）である．

土壌ガスは土壌内間隙を流れるため，土壌ガス拡散係数 D_p や通気係数 k_a は土の気相率 ε（$\mathrm{cm}^3\,\mathrm{cm}^{-3}$）の関数として表される．

ここでは，円筒サンプラー試料（内径 5 cm，体積 $100\,\mathrm{cm}^3$ 程度）を対象として，室内実験による土壌ガス拡散係数と通気係数試験について説明する．

1　土壌ガス拡散係数

（1）準備するもの

1) $100\,\mathrm{cm}^3$ 円筒サンプラー．
2) スライド板付き拡散容器（図 17.1 参照）：スライド板は試料円筒サン

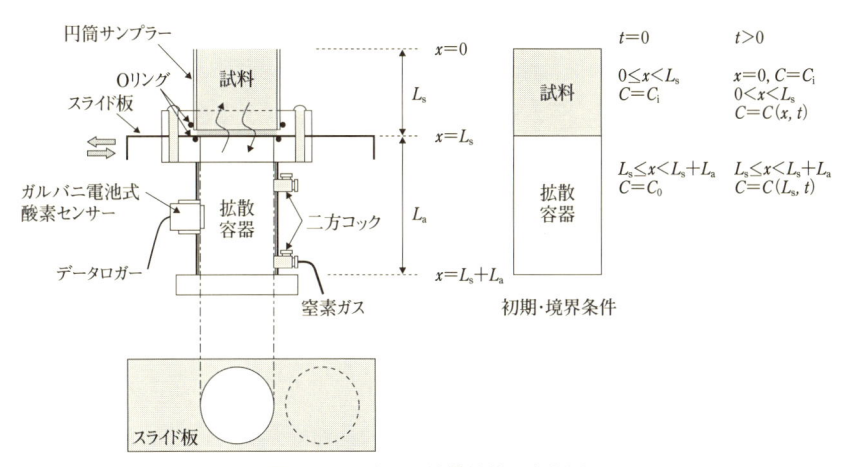

図 17.1　土壌ガス拡散係数測定装置

プラーと拡散容器間を開閉するために用いる．拡散容器には，二方コックを2カ所取り付け，ガルバニ電池式酸素センサー取り付け部を設ける．ガス漏れを防止するためのOリングを必要箇所に取り付ける．

3) ガルバニ電池式酸素センサー（図17.1参照）：拡散容器に取り付ける．このとき，取り付け部からのガス漏れを防止するため，コーキング剤などで接合部を塞ぐ．

4) データロガー：ガルバニ電池式酸素センサーの出力を記録する．

5) 窒素ガス．

6) 真空用グリス．

（2） 測定方法

1) 試料の準備

① サンプラーの高さ L_s(cm)，体積，および質量を測定する．

② サンプラーにて不攪乱試料採取，もしくは試料を充填する（再充填試料）．

③ 拡散容器の高さ L_a(cm) を測定し，スライド板を取り付ける．このとき，スライド板の滑りをよくするために真空グリスをOリングに塗る．

2) ガルバニ電池式酸素センサーの較正

酸素センサーの出力値は酸素濃度と良好な直線関係を示す．このため，較正は通常，大気と酸素濃度0％のガス（つまり窒素ガス）の2つの出力値を記録することで行う．

① データロガーを起動し，大気中の酸素濃度（20.9％または $2.78 \times 10^{-4} \mathrm{g\,cm^{-3}}$）における酸素センサーの出力値を記録する．

② 拡散容器の二方コック（上・下）を開け，スライド板を移動し，拡散容器内上部を閉じる．

③ 二方コック（下）から窒素ガスをゆっくりと十分に通気し，データロガーで出力値をモニターする．そして，出力値がこれ以上下がらなくなった時点で窒素ガスの通気を止め，二方コック（上・下）を閉じ

る．
④ その後，出力値が変化しなくなるまでしばらく待つ．この出力値が変化しない時点での酸素センサーの出力値を，酸素濃度が 0（％または $g\,cm^{-3}$）の値として記録する．ただし，このとき，酸素センサーの出力値が上昇し続ける場合は，拡散装置やセンサー接合部からガス漏れが生じている可能性がある．
⑤ 酸素センサーの出力値と酸素濃度（％または $g\,cm^{-3}$）の関係を直線回帰し，較正式を求める（図 17.2）．

3) 測定手順（図 17.1 参照）
① サンプラーを拡散容器に取り付ける．このとき，サンプラーと容器の密着をよくするために真空グリスを O リングに塗る．
② 拡散容器の二方コック（上・下）を開け，スライド板を移動し，拡散容器内上部と試料の間を閉じる．このときの拡散容器内の酸素濃度を，大気中の酸素濃度 C_i（％または $g\,cm^{-3}$）とする．
③ 二方コック（下）から窒素ガスを充填し，拡散容器内の酸素ガス濃度を十分小さくする（0 ％または $g\,cm^{-3}$ に近づける）．その後，二方コック（上・下）を閉じる．このときの拡散容器内の酸素濃度を，$t=0$ における拡散容器内の酸素濃度 C_0（％または $g\,cm^{-3}$）とする．

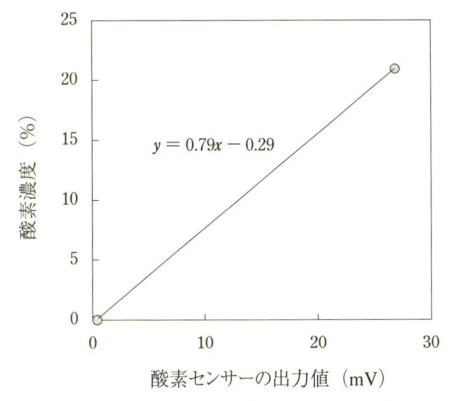

$y = 0.79x - 0.29$

図 17.2 ガルバニ電池式酸素センサーの較正例

④ スライド板を移動し，拡散容器内上部と試料の間を開けて，測定を開始する．データロガーによるガルバニ電池式酸素センサーの出力の記録は，測定間隔1分を目安とする．測定データは，拡散容器中の拡散ガス濃度 $C(L_s, t)$（％または $\mathrm{g\,cm^{-3}}$）となる．

⑤ ガルバニ電池式酸素センサーの出力が大気中の酸素濃度とほぼ同じ値になった時点で測定を終了する．

⑥ 測定後，試料の乾燥密度や気相率 ε（$\mathrm{cm^3\,cm^{-3}}$）を求めるため炉乾燥する．ただし，引き続き ε を変化させて測定を行う場合は，試料の水分を調整した後，①から⑤をくり返す．

(3) データ解析

土壌ガス拡散係数 D_p（$\mathrm{cm^2\,s^{-1}}$）は，ガスの1次元拡散（x 軸方向）を表すフィックの第2法則に基づき，次式で与えられる．

$$\frac{\partial C}{\partial t} = \frac{D_p}{\varepsilon} \frac{\partial^2 C}{\partial x^2} \tag{17.3}$$

ここで，C：拡散ガスの濃度（$\mathrm{g\,cm^{-3}}$），ε：気相率（$\mathrm{cm^3\,cm^{-3}}$），x：流れの方向距離（cm）．この式に対して，本書の測定装置の初期・境界条件を用いて解いた解として，次式が与えられる．

$$\frac{C(L_s, t) - C_i}{C_0 - C_i} = \frac{2h \cdot \exp(-D_p \alpha_1^2 t / \varepsilon)}{L_s(\alpha_1^2 + h^2) + h} \tag{17.4}$$

ここで，L_s：試料の高さ（cm），L_a：拡散容器の高さ（cm），$C(L_s, t)$：拡散容器中の拡散ガス濃度（$\mathrm{g\,cm^{-3}}$），C_i：大気中の拡散ガス濃度（$\mathrm{g\,cm^{-3}}$），C_0：$t = 0$ における拡散容器内の拡散ガス濃度（$\mathrm{g\,cm^{-3}}$）．ただし，$h = \varepsilon / L_a$ であり，α_1 は $hL_s = \alpha L_s \tan(\alpha L_s)$ の1番目の正根である．また，本書では拡散ガスは酸素である．以下に，D_p を計算する具体的な手順を示す．

1) 測定したデータを用いて，$\ln\left[\dfrac{C(L_s, t) - C_i}{C_0 - C_i}\right]$ を計算し，時刻 t（s）に

[実験17] ガス移動を測る——土壌ガス拡散係数と通気係数

に対してプロットする．
2) 1) で行ったプロットに対して直線回帰を行い，傾き H を求める．直線回帰を行う際は，測定開始直後と測定終了間際のデータの利用を避ける．この傾き H は，$H = -D_p \alpha_1^2 / \varepsilon$ となる．
3) hL_s ($= \varepsilon L_s / L_a$) を計算し，$hL_s = \alpha L_s \tan(\alpha L_s)$ となる1番目の正根 α_1 を求める．
4) 3) で求めた α_1 を $H = -D_p \alpha_1^2 / \varepsilon$ に代入して，D_p を計算する．
5) 相対土壌ガス拡散係数 D_p/D_0 を求めるときは，大気中での酸素のガス拡散係数 D_0 ($= 2.04 \times 10^{-1} \mathrm{cm}^2 \mathrm{s}^{-1}$，20℃) で D_p を除す．

2　通気係数

(1)　準備するもの

1) 100 cm^3 円筒サンプラー．
2) サンプラー取り付け部（図17.3）：上板には二方コックを2カ所取り付け，下板には金網を取り付ける．ガス漏れを防止するためのOリン

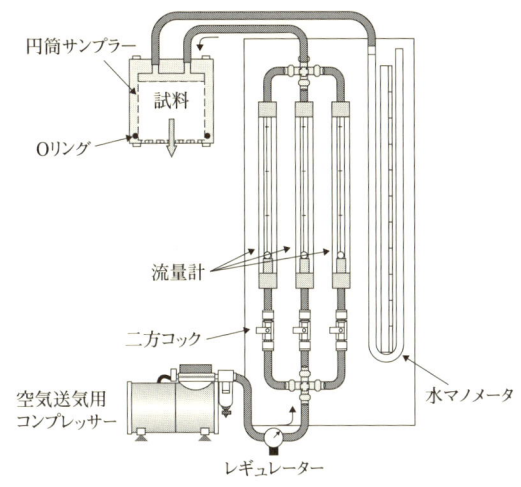

図17.3　通気係数測定装置例

グを必要箇所に取り付ける．
3) 空気送気用コンプレッサーおよびレギュレーター（図 17.3 参照）．
4) 流量計（図 17.3 参照）：空気流量を測定する．必要に応じて容量を選択するか，容量の異なるタイプを複数取り付ける（図 17.3 は 3 つ流量計を接続している）．デジタル式も可．
5) 水マノメータもしくはデジタル式差圧計（図 17.3 参照）．
6) 二方コック（図 17.3 参照）．
7) チューブ類．
8) 真空用グリス．

（2） 測定方法

1) 試料の準備
   ① サンプラーの高さ z(cm)，断面積 A(cm^2)，および質量を測定する．
   ② サンプラーにて不攪乱試料採取，もしくは試料を充填する（再充填試料）．
2) 測定手順
   ① サンプラーを取り付け部に設置する．このとき，サンプラーと取り付け部のガス漏れを防止するために真空グリスを O リングに塗る．
   ② 流量計下の二方コックを閉じ，コンプレッサーから空気を送気する．
   ③ 二方コックを徐々に開け，空気を試料に送気する．このとき，試料に与える圧力差が 10 cm H$_2$O 未満（水マノメータの読み）となるように調整する．
   ④ 流量計の値 Q(cm^3 s^{-1})と，水マノメータの水頭差 Δh_w(cm H$_2$O)を読む．測定は②から③を 3 回以上くり返し，その平均値をデータとする．
   ⑤ 測定後，試料の乾燥密度や気相率 ε(cm^3 cm^{-3})を求めるため炉乾燥する．ただし，引き続き ε を変化させて測定を行う場合は，試料の水分を調整した後，①から④をくり返す．

(3) データ解析

1) 水マノメータの水頭差 Δh_w(cm H_2O) を空気の密度 ρ_a ($=1.21\times10^{-3}$ g cm^{-3}) で除して，空気圧差 Δh_a(cm Air) へ変換する．
2) 次式を用いて通気係数 k_a(cm^2)を計算する．

$$k_a = \frac{Q}{A}\frac{\eta_a}{\rho_a g}\frac{z}{\Delta h_a} \tag{17.5}$$

ここで，Q：単位時間あたりの空気流量 (cm^3 s^{-1})，A：試料断面積 (cm^2)，z：試料（サンプラー）の高さ (cm)，η_a：空気の動粘性係数 ($=1.81\times10^{-4}$g cm^{-1} s)，ρ_a：空気の密度 ($=1.21\times10^{-3}$g cm^{-3})，g：重力加速度 ($=981$ cm s^{-2})．

3 留意事項

（1） ガスの拡散係数の測定は，着目したガスに関して行われるので，本書では酸素の測定法を示した．なお，空気中での各ガス成分の拡散係数は，表17.1 を参考にするとよい．

（2） 土壌中のガス拡散係数は，ガス種，土壌の種類，土壌水分量などの影響を受けて決まるのであるが，実は，土壌の種類はあまり関係がない

表17.1 大気中におけるガス拡散係数[1]

ガスの組成	常圧(101.3 kPa)，常温(20℃)におけるガス拡散係数 (cm^2 s^{-1})
CO_2 - 空気	0.160*
O_2 - 空気	0.203**
CH_4 - 空気	0.210*
H_2 - 空気	0.756*
H_2O - 空気	0.246*

1) *Handbook of Chemistry and Physics*, 88th Edition (2008), CRC Press より．**化学工学協会編 (1970)『物性定数 第8集』，丸善より．

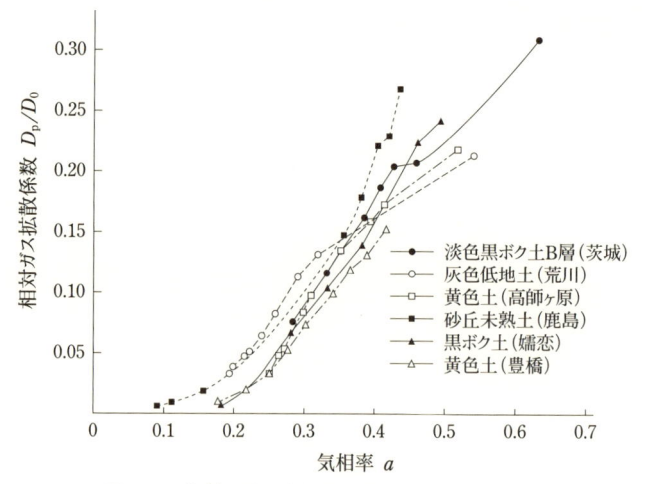

図17.4 各種土壌の気相率と相対ガス拡散係数[2]

ことがわかっている．図17.4は，土壌中の相対ガス拡散係数 D_p/D_0 を気相率の関数でプロットしたものであり，6種類の土壌において，ほぼ同様の値となることが証明された．

(3) 土壌の通気係数は，通常，各種ガス成分の混合物である空気の通気係数を求めることが必要となる．したがって，使われるガスの物性値（粘性係数や密度）も，空気に関する値を用いる．

(4) 通気係数 $k_a (\mathrm{cm}^2)$ と空気に対する透気係数 $K_a (\mathrm{cm\ s^{-1}})$ には，次の関係が成り立つ．

$$k_a = \frac{K_a \eta_a}{\rho_a g} \tag{17.6}$$

2) 遅沢省子（1987）「土壌ガス拡散係数測定と土壌診断」，『土壌の物理性』，**55**：53-60より一部改変．

[実験 18]
電磁波で土を測る
——土壌水分・電気伝導度の非破壊測定

　土壌水分量を原位置において非破壊的にしかも正確に測定することは，さまざまな分野において長年の要望であった．1980年にカナダ農業食糧省の研究者であったクラーク・トップらが発表したTDR（time domain reflectometry）を使った土壌水分量測定法は，現在では世界中の科学者や技術者に広く受け入れられている．TDRを始めとする電磁波を使った土壌水分量測定法のほとんどは，水の比誘電率（80）が空気（1），土の固相（3-10）に比べて非常に大きいことに着目して，土壌の三相（固相，液相，気相）をすべて含んだ平均比誘電率 ε_b を測定することによって水分量を推定する．さらに，TDRは体積含水率 θ（$m^3 m^{-3}$）と同時に電気伝導度EC（$S m^{-1}$）の測定が可能である．電磁波を使った土壌水分量測定法は，現在では非破壊土壌水分量測定法の主流となっている．ここでは，測定精度，安定性，汎用性などの面で優位なTDRを使った土壌水分と電気伝導度測定法について述べる．

1　準備するもの

1) TDR装置（含むデータロガー，図18.1参照）　1台．
2) TDRプローブ　1本．
3) コンピュータ　1台．

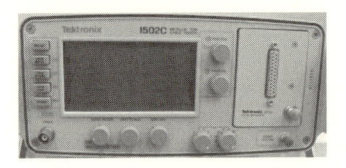

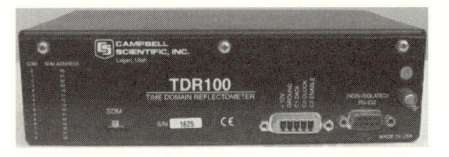

図 18.1 TDR 装置の例．テクトロニクス社製 1502C（左）とキャンベル科学社製 TDR100（右）

4) USB-RS232C 変換ケーブル　1本．
5) マリオット管（θ-ε_b 較正用）．
6) 土壌容器（θ-ε_b 較正用）．
7) 6)，7)をつなぐビニールチューブ．

2　測定方法

(1)　プローブの製作

一般的な TDR プローブは，図 18.2 に示すような 2 線式と 3 線式である．用途によってコイル状や平板状のプローブも開発されているので，利用者が目的に応じたさまざまな形状のプローブを使用できる点は TDR の特徴の 1

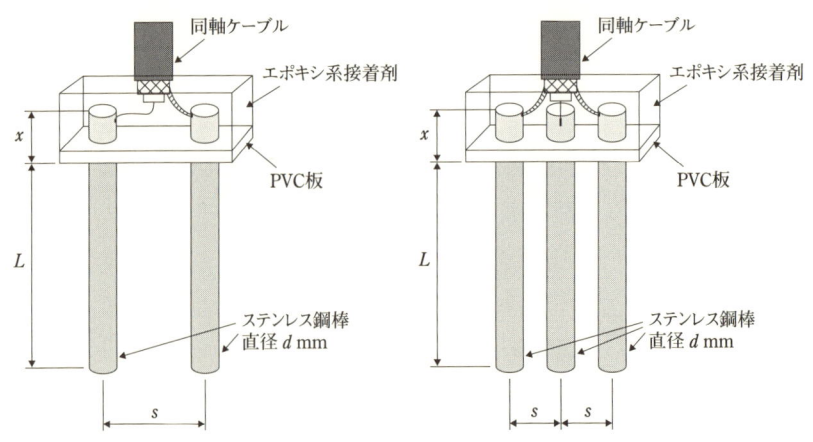

図 18.2　TDR プローブの構造図（左側：2 線式，右側：3 線式）（縮尺通りではない）

つである.市販のものもあるが,費用が嵩むので,ステンレス棒とエポキシなどの樹脂,同軸ケーブルを使用して自作する選択肢もある.ロッド用のステンレス鋼棒は,直径 $d=3.2$（mm）のステンレス用溶接棒が入手容易で便利である.

1) ロッド長 L の決定

(18.1)式の要件を満たしていれば,ロッド長 L（m）は使用目的に応じてどのような長さにしてもよい.

$$\frac{L_a}{\sqrt{\varepsilon_b}} \leq L \leq 6.108 \times 10^{-3} \frac{\sqrt{\varepsilon_b}}{EC_b} \tag{18.1}$$

ここに,L_a は見かけのロッド長（m）（図18.3参照），ε_b は測定対象土壌の平均比誘電率，EC_b は測定対象土壌の平均電気伝導度（S m^{-1}，2(4)参照）である.余分な長さ x は，0.015（m）程度が適切である.ロッド長 L（m）は,0.05-1（m）の場合が多い.

2) ロッド間隔 s の決定

ロッド間隔 s（mm）は,比誘電率の測定結果には影響を与えない.さらに,ロッドの先端部分と根元部分が正確に平行でなくても比誘電率の測定にはほとんど影響がない.しかし,電気伝導度の大きい媒体の比誘電率を測定する際には,ロッド間隔が小さいほど,ロッド長 L を短くする必要がある.ロッド間隔の目安としては,「表皮効果」と呼ばれる電磁波の不均一分布を避けるために,$d/s \geq 0.02$ とすることが推奨される.したがって,ロッド直径 $d=3.2$（mm）の場合は,ロッド間隔 $s \leq 160$（mm）であればよい.通常は,$s=15$-50（mm）程度が多い.

3) プローブの組み立て

$L+x$（m）に切断したロッドをPVC板（約3.5（mm）厚）に間隔 s（m）で穴を空けて貫通させる.余分な長さ x（m）の先端に同軸ケーブル（50 Ω あるいは 75 Ω）の芯線と網線（シールド）を図18.2のようにハンダ付けする.この余分な長さ x の部分は,波形解析ソフトウェア（WinTDRやPCTDRなど．3（3）を参照）によってはプローブの始

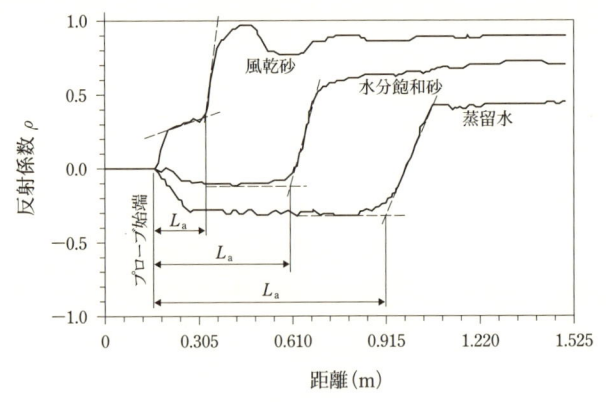

図 18.3 TDR プローブからの反射波形の例。L_a は見かけの長さを示す[1]

端を検知するために必要なインピーダンス不整合を作り出すために，とくに3線式プローブにおいて必要である。s と d の関係によってはインピーダンス不整合部がうまく現れない場合がある。その際は，同軸ケーブルの芯線部を少し長めにする。同軸ケーブルの長さは，ケーブルの種類とロッド長によって決まるが，一般的に 30 m 以下にすると図 18.3 に示す波形の歪みが少ない。ロッド長が短い $L = 0.05$（m）の場合は，同軸ケーブル長は3 m 以下が望ましい。同軸ケーブルの他端には，BNC 型オスコネクタを接続する。

ロッドと同軸ケーブルを固定するために，PVC 板を適当な大きさに切って型枠を作り，型枠の中にエポキシ系接着剤（たとえば，セメダイン社のパテ状水中エポキシ）を流し込む。その際に，ロッド間隔を一定に保つために，ロッド間隔 s に穴を空けた PVC 板をもう1枚用意して，ロッド先端部に差し込んで固定する。一昼夜以上固化させた後，型枠とロッド先端部の支持板を取り除き，固化した接着剤のバリなどを削り取って整形する。

---

1) Noborio, K. (2001) "Measurement of soil water content and electrical conductivity by time domain reflectometry : a review", *Computers and Electronics in Agriculture*, **31** : 213-237 より。

（2） 土壌水分量の測定

　同軸ケーブルを介してTDR装置にTDRプローブを接続して調整すると，パソコン画面あるいは内蔵オシロスコープには図18.3のような波形が表示される．実際には，図18.3のように複数の波形が現れるのではなく，1つの波形のみが表示される．TDR装置から発射された電磁波が，一定インピーダンス（50Ωあるいは75Ω）の同軸ケーブル内を伝播してTDRプローブ根元に到着すると，インピーダンスが変化して図18.3の"プローブ始端"において反射係数（reflection coefficient, ρ）がゼロから変化する．その後，電磁波は土壌に挿入したTDRプローブのロッドを伝播し続けてロッド終端で反射されるので，波形が大きく変化する．オシロスコープ上で見られる見かけのロッド長（ロッド始端からロッド終端までの長さ）L_a（m）は，被測定媒体の比誘電率に依存して変化する．図18.3に示されるように，水分が多く，比誘電率が大きくなるとL_aは長くなり，逆に小さくなるとL_aは短くなる．土壌の平均比誘電率ε_bは，

$$\varepsilon_b = \left(\frac{L_a}{LV_p}\right)^2 \tag{18.2}$$

で表される．ここに，Lは図18.2で示されるロッドの実長（m），V_pは1502C型TDR装置を使った場合にセットする同軸ケーブル内における電磁波の相対伝播速度である（土壌水分量測定の目的では通常$V_p=0.99$にセットする場合が多い）．TDR100型TDR装置を使った場合は，内部で自動的に$V_p=1.00$にセットされる．体積含水率θ（m^3 m^{-3}）と土壌の平均比誘電率ε_bとの間には，実験的に次のような関係が見いだされている．

$$\theta = -5.3 \times 10^{-2} + 2.92 \times 10^{-2}\,\varepsilon_b - 5.5 \times 10^{-4}\,\varepsilon_b^2 + 4.3 \times 10^{-6}\,\varepsilon_b^3 \tag{18.3}$$

この関係は，土壌とプローブとの接触具合，温度，溶質の存在，仮比重，土壌構造，土性，ヒステリシスの影響をほとんど受けない．しかし，黒ボク土のような有機質に富んだ土壌や粘性土ではθを小さめに推定する傾向があるので，黒ボク土に対する較正曲線は，

$$\theta = -3.56\times10^{-2}+4.35\times10^{-2}\varepsilon_b-1.23\times10^{-3}\varepsilon_b{}^2+1.48\times10^{-5}\varepsilon_b{}^3 \quad (18.4)$$

のように提案されている．また，有機物をあまり含まない火山灰由来の関東ローム土に対しては，

$$\theta = -3.15\times10^{-2}+3.62\times10^{-2}\varepsilon_b-7.87\times10^{-4}\varepsilon_b{}^2+7.59\times10^{-6}\varepsilon_b{}^3 \quad (18.5)$$

が報告されている[2]．

　正確な体積含水率が必要な場合は，対象土壌ごとに θ-ε_b の関係を得ることが望ましい．室温まで冷却した炉乾燥土壌試料を充填した容器を電子天秤に載せ，土壌表面から TDR プローブを鉛直に挿入する（ロッドのすべてが土壌に挿入されているか確認する）．その後，マリオット装置を使って土壌容器の下部から水分を供給しながら ε_b を経時的に測定すると同時に電子天秤の読みの変化からそのときの θ を求める．マリオット管を調節しながら土壌表面まで水位を上げて土壌が飽和に達するまで θ-ε_b の関係を得る．次に述べる土壌溶液の電気伝導度を推定する際に必要となる EC_b-ε_b の関係も同時に決定することができる．この較正法は，TDR がロッド方向の平均値として ε_b と EC_b を測定する性質を利用している．

（3）　電気伝導度の測定

　溶液の電気伝導度 EC（S m^{-1}）はしばしば溶液濃度のかわりに使われる（実験11参照）．図18.4には，溶液濃度が高くなるにしたがってロッド終端で反射された電磁波の強度（電圧）V_∞ が減衰する様子が示されている．溶液濃度が 0.1 mol kg^{-1} より大きくなるとロッド終端で電磁波が反射しなくなることがわかる．ロッド長が長くなったりロッド間隔が狭くなったりすると，さらに低濃度で電磁波は反射しなくなる．TDR 装置には，(18.6)式のように反射係数 ρ からインピーダンス R（Ω）を計算する機能が組み込まれている．

---

[2] 小島悠揮, 登尾浩助, 溝口勝 (2008)「土壌水分減少法, 茎熱収支法, および熱収支バルク法による蒸散量・蒸発散量推定精度の評価」，『明治大学農学部研究報告』，**58**：47-65.

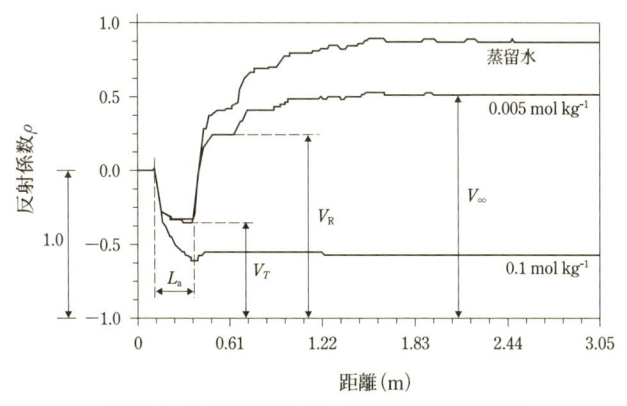

図 18.4 NaCl 溶液中での TDR 反射波形の例[3]

$$R = Z_\mathrm{u} \frac{1+\rho}{1-\rho} \tag{18.6}$$

ここに，Z_u はケーブルテスターに接続した同軸ケーブルの特性インピーダンス（Ω）である．

さらに，WinTDR や PCTDR などの解析ソフトウェアでは，複数回の反射が生じてほぼ一定値になったインピーダンス R（図18.4 の V_∞ 辺り以遠）を利用して次式のように EC（S m^{-1}）を計算する．

$$\mathrm{EC} = \frac{a}{R - R_\mathrm{cable}} + b \tag{18.7}$$

ここに a と b はプローブ1本1本に固有の較正係数で，さまざまな EC に調製された塩水（NaCl や KCl などの溶液）中に TDR プローブを浸して得られる R と既知の EC の関係から得られる．あるいは，解析ソフトウェアが示す見かけの EC 値に対して真の EC 値を使って較正してもよい．R_cable は，同軸ケーブル自身のインピーダンス（Ω）で，ロッド始端を短絡して測定したときの R 値である．長さ10 m 以上の同軸ケーブルを使ったり，EC>0.3

---

3) Noborio, *ibid.* より．

(S m^{-1}) を測定したりする際には，R_{cable} を考慮すると線形性が保たれる．それ以外は $R_{\text{cable}} = 0$ としても差し支えない．

（4） 土壌溶液電気伝導度の推定

土壌三相の電気伝導度を合わせた複合的な電気伝導度を平均電気伝導度 EC_b(S m^{-1}) と呼ぶ．飽和・不飽和土壌に挿入した TDR プローブは，この EC_b を測定する．また，電気伝導度は通常 25（℃）の水温に対する値で表される．25（℃）の温度に対する土壌溶液の電気伝導度 EC_{w25}（S m^{-1}）は，平均電気伝導度 EC_b（S m^{-1}）と体積含水率 θ（m^3 m^{-3}）の両方の関数として次のように表される．

$$EC_{w25} = f_T \frac{EC_a - EC_s}{a\theta^2 + b\theta} \qquad (18.8)$$

ここに，EC_s は固相の電気伝導度（S m^{-1}），a と b は対象とする土壌に固有の係数，f_T は温度補正係数である．a と b を決定するのは手間と時間がかかる．そこで近年では実験係数が少ない(18.9)式が使われる場合が多い．土壌の体積含水率が $\theta > 0.1$（m^3 m^{-3}）では，

$$EC_{w25} = f_T \frac{\varepsilon_w EC_b}{\varepsilon_b - \varepsilon_{EC_b=0}} \qquad (18.9)$$

の関係が報告されている．ここに，ε_w は土壌水の比誘電率で，水温 T（℃）の関数として，

$$\varepsilon_w = 87.740 - 0.40008T + 9.398 \times 10^{-4}T^2 - 1.410 \times 10^{-6}T^3 \qquad (18.10)$$

と表される．また，ε_b は土壌の平均比誘電率，$\varepsilon_{EC_b=0}$ は $EC_b = 0$ となるときの土壌の平均比誘電率 ε_b で実験的に求める．EC_b-ε_b の関係から $EC_b = 0$ のときの ε_b を外挿して求めると，関東ローム土では $\varepsilon_{EC_b=0} = 3.9$[4]，黒ボク土では $\varepsilon_{EC_b=0} = 5$-7[5]が報告されている．最後に，溶液の電気伝導度に対する温度補正係数 f_T は，

$$f_T = \frac{1}{1+0.019(T-25)} \tag{18.11}$$

と表される．T は溶液温度（℃）である．

3 留意事項

（1） 3線式プローブより2線式プローブのほうが土壌の攪乱が小さい利点があるが，無用なノイズや電磁波の損失を生ずる恐れがある．図18.5に示すように，3線以上のプローブでは，電場が中心ロッドに集中しているので，2線式プローブに比べて測定範囲が狭い特徴がある．逆に言えば，3線式プローブは測定範囲を3線内に集中することができるので，測定範囲を特定しやすい．

（2） とくに，土壌表面付近の体積含水率を測定する際には，電場の大部分が土壌中に存在する必要がある．2線式 TDR プローブを使った場合に必要なプローブの最小土被り厚さ h_c（mm）は，(18.12)式[6]で表される．

$$h_c = \sqrt{\frac{\frac{1}{4}(s^2-d^2)}{\left[\frac{s}{d}+\sqrt{\left(\frac{s}{d}\right)^2-1}\right]^{4(1-P_c)}-1}} - \frac{d}{2} \tag{18.12}$$

ここに，P_c はロッド間に含まれるエネルギー分率（$0<P_c<1$）である．たとえば図18.2にならって，$s=25$（mm），$d=1.6$（mm）としたとき，$P_c=0.95$であれば，$h_c=11.7$（mm）となる．このプローブが作り出す電場の95%（$P_c=0.95$）を使って測定するためには，プローブを図18.5

4） 加藤高寛，登尾浩助，北宣裕（2009）「熱水土壌消毒時における熱・水・溶質移動の測定」，『明治大学農学部研究報告』，**58**：75-84．
5） 登尾浩助，颯田尚哉，古賀潔，馬場秀和，向井田善朗（2005）「TDR法を使った不飽和土壌中における水分・硝酸態窒素含量の測定」，『土木学会論文集』，No.783/Ⅶ-34：15-21．
6） 登尾浩助（2003）「実践TDR法活用——土壌中の水分・塩分量の同時測定」，『土壌の物理性』，**93**：57-65；**95**：94を参照．

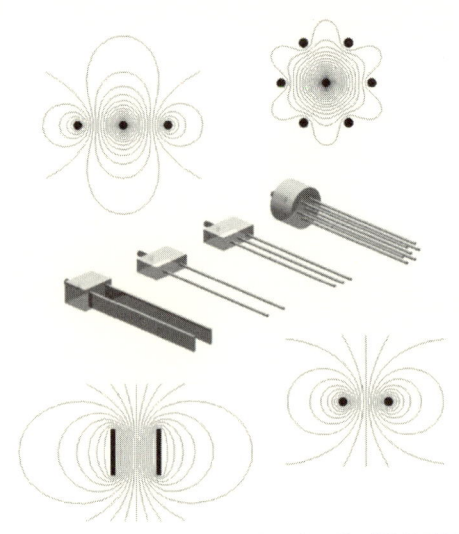

図 18.5 プローブの形状による電場の変化．密な等電場線間隔は比誘電率測定に大きな影響を与える[7]

のように水平に設置した状態で土被り厚さは約 12 (mm) 以上必要であるということになる．

(3) 波形解析ソフト

現在，世界中で使用されている TDR 波形解析ソフトのほとんどは，おそらくベイカーとアルマラスが発表したアルゴリズム[8]を使用していると思われる．ユタ州立大学の環境土壌物理グループが開発した WinTDR は，WindowsPC 上で動作し，無料で入手できる[9]．このソフトウェアは，テクトロニクス社製 TDR 装置を制御するために作られているが，波形解析ルーチンも含まれている．WinTDR は，キャンベル科学社製の TDR100 に付属してくるソフトウェア（PCTDR）を使って収集したデータの波形解析も可能である．

---

7) Jones, S. B., J. M. Wraith and D. Or (2002) "Time domain reflectometry measurement principles and applications", *Hydrol. Processes*, **16** : 141-153 より．
8) Baker, J. M. and R. R. Allmaras (1990) "System for automating and multiplexing soil moisture measurement by time-domain reflectometry", *Soil Sci. Soc. Am. J.*, **54** : 1-6 を参照．
9) http://www.usu.edu/soilphysics/wintdr/index.cfm

また，アメリカ農務省農業研究所のエベット博士が開発した TACQ は，MS-DOS 上で動作するソフトウェアで，WinTDR と同様に無料で入手可能である[10]．TACQ もテクトロニクス社製 TDR 装置を制御して波形解析をするために作られている．長期間（数年間）安定して動作し続けるたいへん優れたソフトウェアであるが，DOS 上でしか動作しないのが難点である．マニュアルには，TDR プローブの作製法などが詳述されているので，一読をお勧めする．

---

10) http://www.cprl.ars.usda.gov/programs/

[実験19]
データを整理し，ばらつきや傾向を調べる
——統計的手法

　一般に，我々が手にするものは測定値であり，真の値ではない．そして，測定値は必ず誤差を含む．誤差は小さいほど望ましい．誤差はさまざまな要因で生じるが，土壌物理実験で生じる誤差は，大きく分けて測定誤差と標本抽出誤差（サンプリング誤差）の2つである．

　測定誤差とは，データ測定の際に生じる誤差のことである．言い換えると1つのサンプルに対して，同じ方法を用いて測定をくり返したとしても，毎回同じ値になるとは限らないことを意味する．とても単純に，ある物体の長さを測定する実験を考える．用いるメジャーの精度や，結果に求められる精度にもよるが，同じ人あるいは機械ができるだけ正確に測定をしたとしても，測定をくり返したときにまったく同じ結果が得られることはない．このように，測定誤差の結果として，測定値に「ばらつき」が生じる．この測定誤差は，「真の値」から系統的にずれて測定されるようなシステマティックエラー（系統誤差）と，測定ごとにばらつくランダムエラー（偶然誤差）の2つに分類することができる．

　一方，標本抽出誤差（サンプリング誤差）は，有限個のサンプル値から，母集団（全体）の値を推定しなければならないことに起因する誤差である．どこからサンプルを採取するのか，いくつサンプルを採取するのか，によって測定値には何らかの差が生じる．これが標本抽出誤差（サンプリング誤差）と呼ばれるものである．

[実験19] データを整理し，ばらつきや傾向を調べる——統計的手法　189

さらに，土の物理特性値は，サンプル間のばらつきをもつだけでなく，空間的変動性（spatial variability）と時間的変動性を伴うことが知られている．とくに，空間的変動性について，それが統計的な分析にどのような影響を与えるかを検討する際に，近年発展してきた地球統計学（geostatistics）が有用なツールになる．

1 データ解析

いま，無限回の測定が可能であるとすると，その測定値は何らかの「ばらつき」を示す．これはサンプリング誤差あるいは測定誤差，またはその両方が原因となる．同一地点で採取した不攪乱土壌の乾燥密度（実験3参照）や，その試料を用いて測定した飽和透水係数（実験8参照）においても，測定値のばらつきは常に存在する．このばらつきは，度数分布を計算し，ヒストグラムを求めることで分布として示すことができる．度数分布とは，離散変数の場合は，出力値ごとにそれが出現した回数を表示し，連続変数では，値をある範囲で区切り，その範囲内に当てはまるデータ数を表したものである．またデータ数でなく，全データ数に占める割合（相対度数）で示すことも可能である．このようにして求められた分布を，何らかの数式で表すことも多い．

たとえば，1つのサンプルに対して無限回の測定をする場合，測定値には一般に測定誤差が含まれ，それが偶然誤差であるとき，その分布は正規分布となる．また，無限個のサンプルに対して測定を行った場合，測定値が正規分布となる物性値も多い．正規分布とは，その平均を μ，分散を σ^2 とするとき，確率密度関数 $f(x)$ が

$$f(x) = \frac{1}{\sqrt{2\pi}\sigma} \exp\left[-\frac{(x-\mu)^2}{2\sigma^2}\right] \tag{19.1}$$

で与えられる分布をいい，これを $N(\mu, \sigma^2)$ と表す．正規分布は図19.1に示すように，ベル型を示し，平均を中心として左右対称の分布となる．とくに

図 19.1 正規分布の例

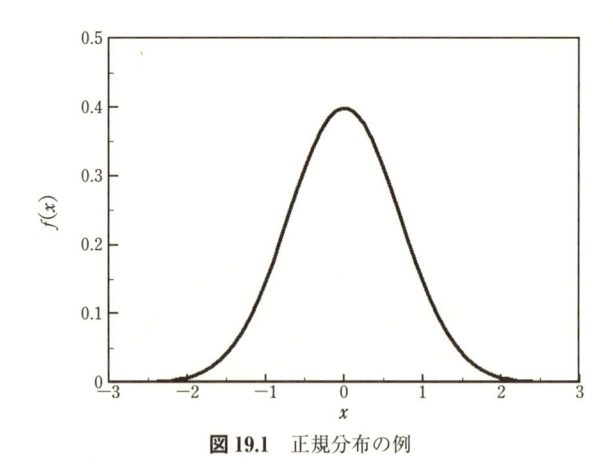

$\mu = 0$, $\sigma^2 = 1$ のときの分布を標準正規分布 $N(0, 1)$ と呼ぶ. 偶然誤差は, 一般にこの標準正規分布を示す.

一方, 土の物性値の中には, 対数正規分布のように非対称な分布を示すものもある. たとえば, 飽和透水係数は一般に正に歪んだ分布を示し, その分布は対数正規分布に沿うことが知られている. 対数正規分布の確率密度関数 $f(x)$ は次の式で与えられる.

$$f(x) = \begin{cases} \dfrac{1}{x\sigma\sqrt{2\pi}} \exp\left[-\dfrac{(\ln x - \mu)^2}{2\sigma^2}\right] & (x \geq 0) \\ 0 & (x < 0) \end{cases} \quad (19.2)$$

ここで, x は対象とする物性値, μ と σ はそれぞれ対数値 $\ln x$ の平均と標準偏差である.

測定データの累積分布がある分布 $F(x)$ と等しいかどうかを調べるには, QQ プロット (quantile-quantile plot) と呼ばれる確率プロットを用いる. QQ プロットは, ある確率 p を与えたときに, 累積確率密度あるいは累積度数が p となる確率点 (x およびデータ値) を縦軸および横軸に取ったもので, 2 つの分布が等しいときに直線となる. とくに正規分布と等しいかどうか調べるプロットを, 正規確率プロットと呼ぶ.

いま，無限個の測定値の集合を母集団，母集団の平均や分散を母平均と母分散と呼び，それを「真の値」とする．しかし，現実には無限回の測定を行うことやあるいは無限個のサンプルを用いることは不可能であり，たかだか数個から数十個（n 個）の測定値を得るのが限界である．この n 個の測定値のことを，母集団に対して「大きさ n の標本」と呼ぶ．標本から求められる平均や分散は，標本平均 m や標本分散 s^2 と呼ばれる．標本平均および標本分散はそれぞれ以下の式で計算でき，標本の分布を特徴付けることができる．

$$m = \frac{x_1 + x_2 + x_3 + \cdots + x_n}{n}$$
$$s^2 = \frac{1}{n}\sum_{i=1}^{n}(x_i - m)^2 \tag{19.3}$$

標本分散は，測定値のスケールに依存するので，異なる物性値の比較には適さない．そこで分布の広がり具合を表す一般的な指標である，標本変動係数（coefficient of variance；CV）を用いる．

$$\mathrm{CV} = \frac{s}{m} \tag{19.4}$$

ここで，s は標本平均 m に関する標準偏差である．この他，分布の代表値や広がり具合を表す指標として，以下のものがあげられる．

- メディアン（中央値）：累積度数が 0.5（50%）となる測定値（$q_{0.5}$）．分布が左右に対称な場合は，平均値と中央値は一致する．F を累積確率密度関数とすると，$q_{0.5} = F^{-1}(0.5)$ で与えられる．
- モード（最頻値）：度数が最大となる測定値．
- レンジ：測定値の中の最大値と最小値の距離．
- 四分位範囲（interquartile range あるいは IQR）：第 3 四分位点（75 パーセンタイルあるいは $q_{0.75}$）と第 1 四分位点（25 パーセンタイルあるいは $q_{0.25}$）の距離．
- 歪度：分布の非対称性を表す指標で，正なら右に分布の尾が長く，負な

らその逆となる.

$$\phi = \frac{1}{n} \sum_{i=1}^{n} \frac{(x_i - m)^3}{\sigma^3} \tag{19.5}$$

2 推定

統計処理の目的は，限られたサンプル数からなる標本から母集団の分布に関する母平均や母分散などのパラメータ（以降母数と呼ぶ）を推定することである．ただし，ここでは分布が平均と分散により十分に特徴付けられて，ほぼ正規分布であると仮定する．正規分布となることで，分布が一意的に数式を用いて定義できるという利点がある．

母集団から無作為に取られた n 個の標本 $x_1, x_2, \cdots, x_n$ から未知の母数を推定することを考える．異なるサンプリングによって得られた標本を使うと，異なる母数の推定値が得られる．つまり，推定された母数は，同一の母集団からの標本を用いた推定にもかかわらずいろいろな値を取る．そこで母数の推定を区間で推定する，区間推定という概念が生まれた．

(1) 母平均の推定（母分散既知の場合）

母集団の分散 σ^2 が既知であるとすると，母集団から抽出した大きさ n の標本平均 $\bar{x}$ は，正規分布 $N(\mu, \sigma^2/n)$ にしたがう．つまり，標本平均の平均は母平均，標本平均の母分散は $1/n$ となる．したがって，これを標準化すると，その区間内に母数を含む確率が $1-\alpha$ となる信頼区間は，

$$\Pr\left(-z_{\alpha/2} \leq \frac{\sqrt{n}(\bar{x}-\mu)}{\sigma} \leq z_{\alpha/2}\right) = 1-\alpha \tag{19.6}$$

によって求まる．$\Pr(\cdot)$ は，（　）内の事象が起こる確率を表す．これを μ について解くと，信頼度が $1-\alpha$ となる μ の信頼区間は，

$$\left[\bar{x} - z_{\sigma/2}\frac{\sigma}{\sqrt{n}}, \bar{x} + z_{\sigma/2}\frac{\sigma}{\sqrt{n}}\right] \tag{19.7}$$

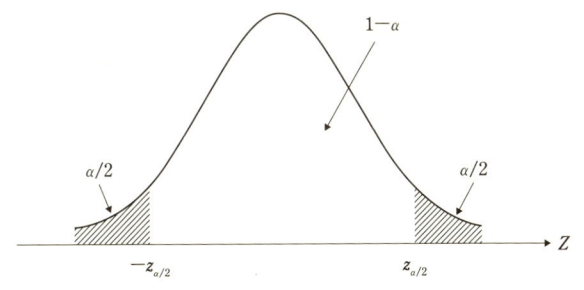

図 19.2 標準正規分布と信頼度 $1-\alpha$ の信頼区間

で与えられる．ここで $z_{\alpha/2}$ は，Z を標準正規確率分布 $N(0, 1)$ としたときに，$\Pr(|Z|>z_{\alpha/2})=\alpha/2$ を満たす値である（図 19.2）．たとえば信頼度 95％ とすると，$\alpha=0.05$ となり正規分布表（表 19.1）から $z_{\alpha/2}=1.960$ となる．

（2） 母平均の推定（母分散未知の場合）

母集団の分散 σ^2 が未知の場合，標本平均を $\bar{x}$ とし，不偏分散 s^2 を

$$s^2 = \frac{1}{n-1}\sum_{i=1}^{n}(x_i-\bar{x})^2 \tag{19.8}$$

とすると，次式の t は自由度 $n-1$ の t 分布にしたがう．

$$t = \frac{\bar{x}-\mu}{s/\sqrt{n}} \tag{19.9}$$

よって，信頼度が $1-\alpha$ となる μ の信頼区間は，以下で与えられる．ここで t 値は，t 分布表（表 19.2）から求めることができる（図 19.3）．

$$\left[\bar{x}-t_{n-1,\,\alpha/2}\frac{s}{\sqrt{n}},\ \bar{x}+t_{n-1,\,\alpha/2}\frac{s}{\sqrt{n}}\right] \tag{19.10}$$

たとえば，信頼度 95％，標本数 $n=20$ の場合，$t_{19,\,0.025}=2.093$ となる．

表 19.1 正規分布表[1]

正規分布 $\phi(x) = \int_z^\infty \dfrac{1}{\sqrt{2\pi}} e^{-x^2/2}\, dx$ の値

z	0	1	2	3	4	5	6	7	8	9
0.0	0.5000	0.4960	0.4920	0.4880	0.4840	0.4801	0.4761	0.4721	0.4681	0.4247
0.1	0.4602	0.4562	0.4522	0.4483	0.4443	0.4404	0.4364	0.4325	0.4286	0.4247
0.2	0.4207	0.4168	0.4129	0.4090	0.4052	0.4013	0.3974	0.3936	0.3897	0.3859
0.3	0.3821	0.3783	0.3745	0.3707	0.3669	0.3632	0.3594	0.3557	0.3520	0.3483
0.4	0.3446	0.3409	0.3372	0.3336	0.3300	0.3264	0.3228	0.3192	0.3156	0.3121
0.5	0.3085	0.3050	0.3015	0.2981	0.2946	0.2912	0.2877	0.2843	0.2810	0.2776
0.6	0.2743	0.2709	0.2676	0.2643	0.2611	0.2578	0.2546	0.2514	0.2483	0.2451
0.7	0.2420	0.2389	0.2358	0.2327	0.2296	0.2266	0.2236	0.2206	0.2177	0.2148
0.8	0.2119	0.2090	0.2061	0.2033	0.2005	0.1977	0.1949	0.1922	0.1894	0.1867
0.9	0.1841	0.1814	0.1788	0.1762	0.1736	0.1711	0.1685	0.1660	0.1635	0.1611
1.0	0.1587	0.1562	0.1539	0.1515	0.1492	0.1469	0.1446	0.1423	0.1401	0.1379
1.1	0.1357	0.1335	0.1314	0.1292	0.1271	0.1251	0.1230	0.1210	0.1190	0.1170
1.2	0.1151	0.1131	0.1112	0.1093	0.1075	0.1056	0.1038	0.1020	0.1003	0.0985
1.3	0.0968	0.0951	0.0934	0.0918	0.0901	0.0885	0.0869	0.0853	0.0838	0.0823
1.4	0.0808	0.0793	0.0778	0.0764	0.0749	0.0735	0.0721	0.0708	0.0694	0.0681
1.5	0.0668	0.0655	0.0643	0.0630	0.0618	0.0606	0.0594	0.0582	0.0571	0.0559
1.6	0.0548	0.0537	0.0526	0.0516	0.0505	0.0495	0.0485	0.0475	0.0465	0.0455
1.7	0.0446	0.0436	0.0427	0.0418	0.0409	0.0401	0.0392	0.0384	0.0375	0.0367
1.8	0.0359	0.0351	0.0344	0.0336	0.0329	0.0322	0.0314	0.0307	0.0301	0.0294
1.9	0.0287	0.0281	0.0274	0.0268	0.0262	0.0256	0.0250	0.0244	0.0239	0.0233
2.0	0.0228	0.0222	0.0217	0.0212	0.0207	0.0202	0.0197	0.0192	0.0188	0.0183
2.1	0.0179	0.0174	0.0170	0.0166	0.0162	0.0158	0.0154	0.0150	0.0146	0.0143
2.2	0.0139	0.0136	0.0132	0.0129	0.0125	0.0122	0.0119	0.0116	0.0113	0.0110
2.3	0.0107	0.0104	0.0102	0.00990	0.00964	0.00939	0.00914	0.00889	0.00866	0.00842
2.4	0.00820	0.00798	0.00776	0.00755	0.00734	0.00714	0.00695	0.00676	0.00657	0.00639
2.5	0.00621	0.00604	0.00587	0.00570	0.00554	0.00539	0.00523	0.00508	0.00494	0.00480
2.6	0.00466	0.00453	0.00440	0.00427	0.00415	0.00402	0.00391	0.00379	0.00368	0.00357
2.7	0.00347	0.00336	0.00326	0.00317	0.00307	0.00298	0.00289	0.00280	0.00272	0.00264
2.8	0.00256	0.00248	0.00240	0.00233	0.00226	0.00219	0.00212	0.00205	0.00199	0.00193
2.9	0.00187	0.00181	0.00175	0.00169	0.00164	0.00159	0.00154	0.00149	0.00144	0.00139
3.0	0.00135	0.00131	0.00126	0.00122	0.00118	0.00114	0.00111	0.00107	0.00104	0.00100
3.1	0.00097	0.00094	0.00090	0.00087	0.00084	0.00082	0.00079	0.00076	0.00074	0.00071
3.2	0.00069	0.00066	0.00064	0.00062	0.00060	0.00058	0.00056	0.00054	0.00052	0.00050
3.3	0.00048	0.00047	0.00045	0.00043	0.00042	0.00040	0.00039	0.00038	0.00036	0.00035
3.4	0.00034	0.00032	0.00031	0.00030	0.00029	0.00028	0.00027	0.00026	0.00025	0.00024

[1] 薩摩順吉（1989）『理工系の数学入門コース 7　確率・統計』, 岩波書店より．

[実験 19] データを整理し，ばらつきや傾向を調べる——統計的手法

表 19.2 t 分布表[2]

DF (自由度)	確　率					
	0.5	0.1	0.05	0.02	0.01	0.001
1	1.000	6.314	12.706	31.821	63.657	636.619
2	0.816	2.920	4.303	6.965	9.925	31.598
3	0.765	2.353	3.182	4.541	5.841	12.941
4	0.741	2.132	2.776	3.747	4.604	8.610
5	0.727	2.015	2.571	3.365	4.032	6.859
6	0.718	1.943	2.447	3.143	3.707	5.959
7	0.711	1.895	2.365	2.998	3.499	5.405
8	0.706	1.860	2.306	2.896	3.355	5.041
9	0.703	1.833	2.262	2.821	3.250	4.781
10	0.700	1.812	2.228	2.764	3.169	4.587
11	0.697	1.796	2.201	2.718	3.106	4.437
12	0.695	1.782	2.179	2.681	3.055	4.318
13	0.694	1.771	2.160	2.650	3.012	4.221
14	0.692	1.761	2.145	2.624	2.977	4.140
15	0.691	1.753	2.131	2.602	2.947	4.073
16	0.690	1.746	2.120	2.583	2.921	4.015
17	0.689	1.740	2.110	2.567	2.898	3.965
18	0.688	1.734	2.101	2.552	2.878	3.922
19	0.688	1.729	2.093	2.539	2.861	3.883
20	0.687	1.725	2.086	2.528	2.845	3.850
21	0.686	1.121	2.080	2.518	2.831	3.819
22	0.686	1.717	2.074	2.508	2.819	3.792
23	0.685	1.714	2.069	2.500	2.807	3.767
24	0.685	1.711	2.064	2.492	2.797	3.745
25	0.684	1.708	2.060	2.485	2.787	3.725
26	0.684	1.706	2.056	2.479	2.779	3.707
27	0.684	1.703	2.052	2.473	2.771	3.690
28	0.683	1.701	2.048	2.467	2.763	3.674
29	0.683	1.699	2.045	2.462	2.756	3.659
30	0.683	1.697	2.042	2.457	2.750	3.646
40	0.681	1.684	2.021	2.423	2.704	3.551
60	0.679	1.671	2.000	2.390	2.660	3.460
120	0.677	1.658	1.980	2.358	2.617	3.373
∞	0.674	1.645	1.960	2.326	2.576	3.291

[2] Fisher R. A. and F. Yates (1963) *Statistical Tables for Biological, Agricultural and Medical Research*, Longman Group Ltd., London より．

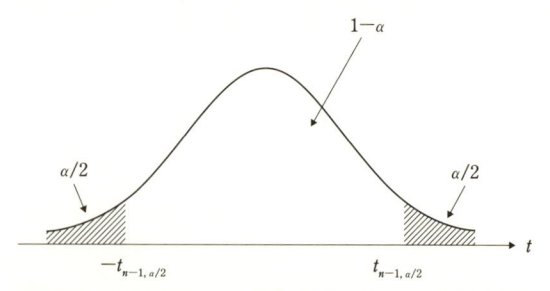

図 19.3 自由度 $n-1$ の t 分布と信頼度 $1-\alpha$ の信頼区間

(3) 母分散の推定（母平均未知の場合）

母平均 μ が未知の，正規分布 $N(\mu, \sigma^2)$ から取り出した大きさ n の標本の不偏分散を s^2 とする．このとき

$$\chi^2 = (n-1)\frac{s^2}{\sigma^2} \tag{19.11}$$

は自由度 $n-1$ の χ^2 分布にしたがう．χ^2 分布表（表 19.3）から

$$\Pr\left(\chi^2_{n-1,\,1-\alpha/2} \leq \frac{(n-1)s^2}{\sigma^2} \leq \chi^2_{n-1,\,\alpha/2}\right) = 1-\alpha \tag{19.12}$$

となり，母分散 σ^2 の信頼度 $1-\alpha$ の信頼区間は

$$\left[\frac{(n-1)s^2}{\chi^2_{n-1,\,\alpha/2}},\; \frac{(n-1)s^2}{\chi^2_{n-1,\,1-\alpha/2}}\right] \tag{19.13}$$

で与えられる．

3　仮説検定

統計的な推定が，母集団の確率分布に関するパラメータ，すなわち母数を推定するのに対して，統計的な検定とは，母集団についての仮説が信じるに足るかどうかを検証することを指す．つまり，収集された標本の統計量が母

[実験19] データを整理し，ばらつきや傾向を調べる——統計的手法

表 19.3 χ^2 分布表[3]

ϕ \ Pr	0.995	0.99	0.975	0.95	0.90	0.10	**0.05**	0.025	**0.01**	0.005
1	0.0^{4}393	0.0^{3}157	0.0^{3}982	0.0^{2}3	0.0158	2.71	**3.84**	5.02	**6.63**	7.88
2	0.0100	0.0201	0.0506	0.103	0.211	4.61	**5.99**	7.38	**9.21**	10.60
3	0.0717	0.115	0.216	0.352	0.584	6.25	**7.81**	9.35	**11.34**	12.84
4	0.207	0.297	0.484	0.711	0.064	7.78	**9.49**	11.14	**13.28**	14.86
5	0.412	0.554	0.831	1.145	1.610	9.24	**11.07**	12.83	**15.09**	16.75
6	0.676	0.872	1.237	1.35	2.20	10.64	**12.59**	14.45	**16.81**	18.55
7	0.989	1.239	1.690	2.17	2.83	12.02	**14.07**	16.01	**18.48**	20.3
8	1.344	1.646	2.18	2.73	3.49	13.36	**15.51**	17.53	**20.1**	22.0
9	1.735	2.09	2.70	3.33	4.17	14.68	**16.92**	19.02	**21.7**	23.6
10	2.16	2.56	3.25	3.94	4.87	15.99	**18.31**	20.5	**23.2**	25.2
11	2.60	3.05	3.82	4.57	5.58	17.28	**19.68**	21.9	**24.7**	26.8
12	3.07	3.57	4.40	5.23	6.30	18.55	**21.0**	23.3	**26.2**	28.3
13	3.57	4.11	5.01	5.89	7.04	19.81	**22.4**	24.7	**27.7**	29.8
14	4.07	4.66	5.63	6.57	7.79	21.1	**23.7**	26.1	**29.1**	31.3
15	4.60	5.23	6.26	7.26	8.55	22.3	**25.0**	27.5	**30.6**	32.8
16	5.14	5.81	6.91	7.96	9.31	23.5	**26.3**	28.8	**32.0**	34.3
17	5.70	6.41	7.56	8.67	10.09	24.8	**27.6**	30.2	**33.4**	35.7
18	6.26	7.01	8.23	9.39	10.86	26.0	**28.9**	31.5	**34.8**	37.2
19	6.84	7.63	8.91	10.12	11.65	27.2	**30.1**	32.9	**36.2**	38.6
20	7.43	8.26	9.59	10.85	12.44	28.4	**31.4**	34.2	**37.6**	40.0
21	8.03	8.90	10.28	11.59	13.24	29.6	**32.7**	35.5	**38.9**	41.4
22	8.64	9.54	10.98	12.34	14.04	30.8	**33.9**	36.8	**40.3**	42.8
23	9.26	10.20	11.69	13.09	14.85	32.0	**35.2**	38.1	**41.6**	44.2
24	9.89	10.86	12.40	13.85	15.66	33.2	**36.4**	39.4	**43.0**	45.6
25	10.52	11.52	13.12	14.61	16.47	34.4	**37.0**	40.6	**44.3**	46.9
26	11.16	12.20	13.84	15.38	17.29	35.6	**38.9**	41.9	**45.6**	48.3
27	11.81	12.88	14.57	16.15	18.11	36.7	**40.1**	43.2	**47.0**	49.6
28	12.46	13.56	15.31	16.93	18.94	37.9	**41.3**	44.5	**48.3**	51.0
29	13.12	14.26	16.05	17.71	19.77	39.1	**42.6**	45.7	**49.6**	52.3
30	13.79	14.95	16.79	18.49	20.6	40.3	**43.8**	47.0	**50.9**	53.7
40	20.7	22.2	24.4	26.5	29.1	51.8	**55.8**	59.3	**63.7**	66.8
50	28.0	29.7	32.4	34.8	37.7	63.2	**67.5**	71.4	**76.2**	79.5
60	35.5	37.5	40.5	43.2	46.5	74.4	**79.1**	83.3	**88.4**	92.0
70	43.3	45.4	48.8	51.7	55.3	85.5	**90.5**	95.0	**100.4**	104.2
80	51.2	53.5	57.2	60.4	64.3	96.6	**101.9**	106.6	**112.3**	116.3
90	59.2	61.8	65.6	69.1	73.3	107.6	**113.1**	118.1	**124.1**	128.3
100	67.3	70.1	74.2	77.9	82.4	118.5	**124.3**	129.6	**135.8**	140.2

---

[3] 石川馨，久米均，藤森利美（1990）『化学者および化学技術者のための統計的方法　第2版』東京化学同人．

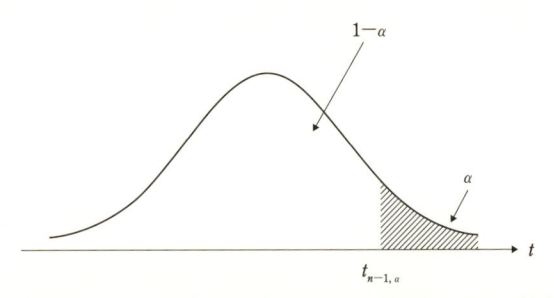

図 19.4 自由度 $n-1$ の t 分布と信頼度 $1-\alpha$ の信頼区間：右片側検定の場合

集団のそれと差があったときに，その差が単なる誤差や偶然によるものなのか，何か意味のあるもの（有意あるいは significant）なのかを仮説に基づいて検証することである．

統計的検定では，通常母集団についての仮説を帰無仮説（null hypothesis）といい H_0 と記し，帰無仮説に対立する仮説を対立仮説（alternative hypothesis）といい，H_1 と記す．また，仮説検定をする場合には，どの信頼度（％）で検定をするのか基準を事前に決める必要がある．通常この基準には有意水準（significant level）を用い，これは（100－信頼度）（％）である．小数による有意水準は α で表し，たとえば信頼度 95％ の場合，$\alpha = 1-0.95 = 0.05$ となる．そして，帰無仮説 H_0 の下で，標本から求められた統計量 T が，確率 α でしか起こらないある範囲に入るとき，仮説 H_0 を棄却し（reject），この場合「$\alpha = 0.05$ で統計的に有意である」または「5％ 有意水準のもとで有意である」という．このとき対立仮説 H_1 が立っている場合は，帰無仮説 H_0 が棄却されることは H_1 が採択されることを意味する．また，検定の種類によっては，確率分布の両側を用いる両側検定と，確率分布の片側のみを用いる片側検定があるが，詳細は以下の正規分布に関する平均値，分散についての検定の中で示す．

（1） 平均値の検定（スチューデントの t 検定あるいは Student's t-test）

母平均 μ，母分散 σ^2 の正規母集団の母平均 μ に関する検定には，対立仮

説の立て方で，両側検定と片側検定の2通りに分類できる．帰無仮説として $H_0: \mu = \mu_0$，対立仮説として $H_1: \mu \neq \mu_0$ を設定した場合，分布の左右どちらかに大きく外れた場合を考えているので，両側検定となる．その場合，有意水準 α に対して，確率 $\alpha/2$ で有意であるかないかを検証する．この検定は，標本平均 $\bar{x}$ が μ_0 からどれくらい離れているか調べることによって行う．通常母分散 σ^2 は未知であるので，不偏分散 s^2 を用いて求まる以下の t 統計量によって検定する．

$$t = \frac{\bar{x} - \mu}{s/\sqrt{n}} \tag{19.14}$$

このとき，t 統計量は，自由度 $n-1$ の t 分布にしたがうので，t 分布表から確率 $\alpha/2$，自由度 $n-1$ と対応する確率点 $t_{n-1, \alpha/2}$ を求め（図19.3），t 統計量と比較する．そのとき $|t| > t_{n-1, \alpha/2}$ であれば H_0 を棄却し，$|t| \leq t_{n-1, \alpha/2}$ であれば，H_0 を棄却しない．

一方，$H_0: \mu = \mu_0$，$H_1: \mu > \mu_0$（あるいは $\mu < \mu_0$）の場合，分布の片側のみを考慮の対象としているので，片側検定（前者を右片側検定，後者を左片側検定と呼ぶ）となる．母分散 σ^2 が未知の場合，両側検定同様 t 統計量を計算し，片側検定なので確率点 $t_{n-1, \alpha}$（図19.4）との比較から $t > t_{n-1, \alpha}$（あるいは $t < -t_{n-1, \alpha}$）であれば H_0 を棄却する．

（2） 分散の検定（χ^2 検定あるいは χ^2-test）

母分散 σ^2 に関する検定は，平均値の検定同様，両側検定と片側検定の2通りある．分散に対する帰無仮説 $H_0: \sigma^2 = \sigma_0^2$，$H_1: \sigma^2 \neq \sigma_0^2$ の検定は両側検定となり，標本の不偏分散 s^2 を用いて求まる以下の χ^2 統計量を用いて行われる．

$$\chi^2 = (n-1) \frac{s^2}{\sigma^2} \tag{19.15}$$

ここで，χ^2 統計量は自由度 $n-1$ の χ^2 分布にしたがうので，χ^2 分布表（表

19.3) から確率 $\alpha/2$ および $1-\alpha/2$, 自由度 $n-1$ と対応する確率点 $\chi^2_{n-1,\alpha/2}$, $\chi^2_{n-1,1-\alpha/2}$ を求め, χ^2 統計量と比較する. そのとき $\chi^2<\chi^2_{n-1,1-\alpha/2}$, $\chi^2_{n-1,\alpha/2}<\chi^2$ であれば, H_0 を棄却し, それ以外であれば棄却しない.

また, $H_1:\sigma^2>\sigma^2_0$ (または $\sigma^2<\sigma^2_0$) の場合, 右片側検定 (括弧内は左片側検定) となり, H_0 は $\chi^2>\chi^2_{n-1,\alpha}$ (または $\chi^2<\chi^2_{n-1,1-\alpha}$) のとき棄却され, それ以外では棄却されない.

4 空間データ解析

土の物性値は空間的にばらつくが, それらは一般的に空間的な相関をもつことが知られている. 空間的に相関があるとは, つまり, ある場所でのパラメータの測定値は, その場所から離れているところよりも, 近いところのほうが, 似た値になることが期待されるということである. このような空間的な相関は, 物性によって強いもの, 弱いものなどがあり, また距離と相関の関係も物性によって異なることが知られている. この相関特性は, サンプリング計画や補間による物性値の推定の際に必要となる. 以下に, 地球統計学で用いられる基本的な空間データの解析方法を示す[4].

(1) 領域変数 (regionalized variable)

領域変数とは, 空間領域において定義される変数 $z(\boldsymbol{u})$ で, $\boldsymbol{u}$ は一般的に3次元空間内の座標ベクトル (u_1, u_2, u_3) である. 地球統計学において, 確率場 $Z(\boldsymbol{u})$ を空間領域内すべての点 $\boldsymbol{u}$ においてある分布をもつ確率変数の無限の集合とすると, 領域変数 $z(\boldsymbol{u})$ は確率場 $Z(\boldsymbol{u})$ の1つの実現値と見なされる. 地球統計学では, 領域変数 $z(\boldsymbol{u})$ の特徴を求める必要はなく, 確率場 $Z(\boldsymbol{u})$ の簡単な特徴を求める.

さて, ある物性値に関して, $\boldsymbol{u}_\alpha$ にて採取された n 個の標本 (測定データ)

---

[4] 地球統計学の詳細は, Goovaerts, P. (1997) *Geostatistics for Natural Resources Evaluation*, Oxford Univ. Press, New York, p. 483 や Wackernagel, H., 青木謙治監訳, 地球統計学研究委員会訳編 (2003)『地球統計学』, 森北出版などを参照されたい.

があるとすると,それらは次のように表記される.

$$\{z(\boldsymbol{u}_\alpha), \alpha=1, \cdots, n\} \tag{19.16}$$

以降の計算・分析はすべてこのデータ表記形式で行われる.

(2) セミバリオグラム (semivariogram)

セミバリオグラム $\gamma(\boldsymbol{h})$ は,標本が距離 $\boldsymbol{h}$ 離れたときに,その値がどれくらい「似ていないか(非類似性)」を表す統計量で,次式で表される.

$$\gamma(\boldsymbol{h})=\frac{1}{2N(\boldsymbol{h})}\sum_{\alpha=1}^{n(u)}[z(\boldsymbol{u}_\alpha)-z(\boldsymbol{u}_\alpha+\boldsymbol{h})]^2 \tag{19.17}$$

ここで,$N(\boldsymbol{h})$ は距離 $\boldsymbol{h}$ 離れている,標本の組の数である.この距離 $\boldsymbol{h}$ のことをラグと呼ぶ.実際の計算の際には,必ずしも距離 $\boldsymbol{h}$ 離れている標本が存在するとは限らないので,許容範囲や許容角度内のベクトルをグループ化し $\boldsymbol{h}\pm\Delta\boldsymbol{h}$ 内のすべての組を一まとめにし,セミバリオグラムを計算する.一般にセミバリオグラムは,ラグが増加すると増加し(非類似性が増加),ある距離 a から先は一定値を取るような挙動を示す(図 19.5).この距離 a のことをレンジと呼び,レンジより 2 点間の距離が離れると標本には相関がないとされる.またレンジに対応したセミバリオグラム値 $\gamma(a)$ をシルと呼

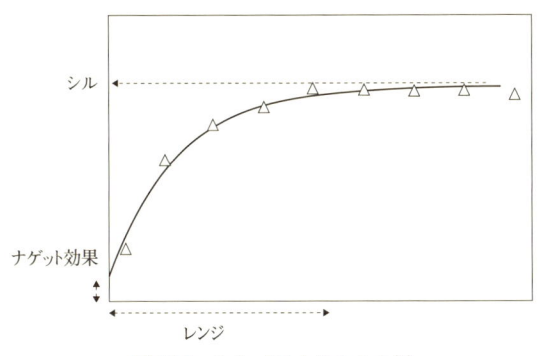

図 19.5 セミバリオグラムの例

ぶ．一般に $h=0$ においても，セミバリオグラムの値はゼロとはならない．この不連続性をナゲット効果と呼び，測定誤差や空間距離がとても短い2点間の非類似性を表すものである．また，すべてのラグにおいてセミバリオグラムが一定値となる場合は，空間的な相関が存在しない．

セミバリオグラムの他に，自己相関係数 $C(h)$ も空間的な相関を表す統計量であり，2次定常確率場（領域変数の1次・2次モーメントが，領域変数全体が平行移動しても不変である確率場）の場合は，セミバリオグラムと次のような関係にある．

$$\gamma(h) = C(0) - C(h) \tag{19.18}$$

(3) クリッギング (kriging)

通常型クリッギングでは，空間上のある点 u_0 における値を，その周辺 n 個の標本 $z(u_\alpha)$ から，データ間の空間的相関を考慮した重み λ_α を用いた線形結合によって推定する（通常，推定には，推定を行う場所 u_0 から相関距離内にあるものを使う）．

$$z^*(u_0) = \sum_{\alpha=1}^{n(u_0)} \lambda_\alpha(u_0) z(u_\alpha) \tag{19.19}$$

ここで，$n(u_0)$ は推定に用いる標本の数を表す．通常型クリッギングの場合，この重み係数の総和が1となる制約条件が付く．この重みは，推定値が不偏でかつ誤差分散（真の値と推定値との誤差の分散）が最小となるような基準を満たすような重みである．推定値の不偏性は，重みの総和が1となることで保証されている．クリッギングには他にもさまざまな種類が存在するが，ここでは通常型クリッギングのみを紹介した[5]．

ここまで示した各種計算は，多くのパブリックドメインプログラム[6]を使って容易にできるので，興味ある読者は試してみることを薦める．

---

5) Goovaerts, *ibid*, p.483 などの参考文献に，他のクリッギングについてはくわしい．
6) たとえば GSLIB (Deutch, C.V. and A.G. Journal (1998) *Gslib : Geostatistical Software Library and User's Guide*, Oxford Univ. Press, New York, p.384) を参照．

おわりに

　土壌物理実験は，手引書だけがあれば1人でも実行できるか，と聞かれると，なかなか難しいと答えざるを得ない．すなわち，経験が必要な事項が非常に多いからである．本書は，その「経験」をできるだけ多数の経験者から集め，テキストとして編纂した．また，過去の実験書における記載事項も多くを引用させてもらった．その意味で，『土壌物理環境測定法』（東京大学出版会，1995）を出版された中野政詩東京大学名誉教授と『だれでもできるやさしい土のしらべ方』（合同出版，2005）を出版された塚本明美，故岩田進午両氏には，特別の謝意を表したい．さらに，東京大学大学院農学生命科学研究科，生物・環境工学専攻で長年土壌物理実験を指導されてきた技術専門員井本博美氏には，特別の謝意を表する．同氏は，本書で扱った実験のほとんどすべてに精通され，過去約40年間，多くの国内外研究者，大学院生，学部学生の土壌物理実験を指導されてきたものであり，実測例として本文内に紹介されているデータの多くも，同氏による測定値である．同氏なくして本書は世に出なかったと思われる．ここに記して，万感の謝意を表したい．

参考文献

[1] 太田猛彦他編（2004）『水の事典』，朝倉書店．
[2] 化学工学協会編（1970）『化学工学物性定数』8集，化学工業社．
[3] Campbell, G. S. (1985) *Soil Physics with BASIC*, Elsevier, New York.
[4] Klute, A. (ed.) (1986) *Methods of Soil Analysis. Part 1. Physical and Mineralogical Methods* (Soil Science Society of America Book Series No 5).
[5] 地盤工学会「土質試験の方法と解説」改訂編集委員会編（2004）『土質試験の方法と解説　第1回改訂版　訂正版』，丸善，地盤工学会．
[6] 地盤工学会不飽和地盤の挙動と評価編集委員会編（2004）『不飽和地盤の挙動と評価』，丸善，地盤工学会．
[7] ウィリアム・ジュリー，ロバート・ホートン，井上光弘他訳（2006）『土壌物理学——土中の水・熱・ガス・化学物質移動の基礎と応用　第6版』，築地書館．
[8] Sparks D. L. *et al.* (ed.) (1996) *Methods of Soil Analysis. Part 3. Chemical Methods* (Soil Science Society of America Book Series No 5).
[9] 土の理工学性実験ガイド編集委員会編（1983）『土の理工学性実験ガイド』，農業土木学会（現農業農村工学会）．
[10] Dane, J. H. and C. Topp (eds.) (2002), *Methods of Soil Analysis. Part 4. Physical Methods* (Soil Science Society of America Book Series, Vol. 5).
[11] 塚本明美，岩田進午（2005）『だれでもできるやさしい土のしらべかた——土壌のしくみとはたらきを学ぶ25の実験』，合同出版．
[12] 土質工学会編（1985）『土の試験実習書』，土質工学会（現地盤工学会）．
[13] 土壌標準分析測定法委員会編（2003）『土壌標準分析・測定法』，博友社．
[14] 土壌養分測定法委員会編（2002）『土壌養分分析法』，養賢堂．
[15] 長倉三郎他編（1998）『理化学辞典　第5版』，岩波書店．
[16] 中野政詩，宮﨑毅，塩沢昌，西村拓（1995）『土壌物理環境測定法』，東京大学出版会．
[17] 日本化学会編（2004）『化学便覧　基礎編　第5版』，丸善．
[18] 日本土壌肥料学会監修（1997）『土壌環境分析法』，博友社．
[19] 日本土壌肥料学会土壌教育委員会編（1998）『土をどう教えるか——新たな環境教育教材』，古今書院．
[20] 日本ペドロジー学会編（1997）『土壌調査ハンドブック』，博友社．
[21] 農業土木学会土の理工学性実験ガイド編集委員会編（1983）『土の理工学性実験ガイド』，農業土木学会（現農業農村工学会）．
[22] Baldock, J. A. and P. N. Nelson (1999) Soil Organic Matter, In *Handbook of Soil Science* (Editor-in-Chief, Malcolm E. Sumner) : B25-B84, 2000, CRC PRESS.
[23] Hillel, D. (1998) *Environmental Soil Physics*, Academic Press, New York.
[24] 久馬一剛他編（1993）『土壌の辞典』，朝倉書店．
[25] 水の総合辞典編集委員会編（2009）『水の総合辞典』，丸善．
[26] 宮﨑毅（2000）『環境地水学』，東京大学出版会．
[27] 宮﨑毅，長谷川周一，粕淵辰明（2005）『土壌物理学』，朝倉書店．

索 引

英数字

2 線式プローブ 185
3 線式プローブ 185
4 電極電気伝導度プローブ 97
EC → 電気伝導度
　——計 98
G 値 47
ISFET 107
pF 26,60
pH 計 107
QQ プロット 190
TDR 177
　——波形解析ソフト 186
t 検定 198
t 統計量 199
t 分布表 193
X 線 CT 23
α-α' ジピルジル溶液 5
χ^2 検定 199
χ^2 統計量 199

ア 行

圧力勾配 169
圧力水頭 59,72
圧力センサー 123
圧力調整タンク 132
アルカリ土壌 106
アルミニウム 113
アロフェン 167
位置水頭 72
移流 143,168,169
　——分散方程式 144
インクボトル効果 70
インピーダンス 182
　——不整合 180
雲母 13
易耕性 86
液相 31

　——率 31
温室効果ガス 168
温度補正 101
　——係数 184

カ 行

解析解 145,150
拡散 143,168
　——係数 144,169
攪乱土壌 4
確率密度関数 189
かさ密度 20
過酸化水素水 49
火山灰土壌 21
加積通過曲線 81
加積粒径曲線 84
仮説検定 196
片側検定 199
活量 95,105
ガラス電極法 106,107
仮比重 20
カルゴン 41,49
ガルバニ電池 170
間隙 31
　——径分布 35
　——特性長 136,139
　——比 35
　——率 31,35
　——流速 143
乾式燃焼法 87
緩衝能 92,111,112
含水比 27,34
完全飽和 66
乾燥剤 28,29
乾燥デシケータ 14,29
乾燥密度 20,27
乾燥用デシケータ 28,29
乾燥炉 14
関東ローム 167
ガンマ線法 23

気液境界　58
気相　31
　　——率　31, 37
帰無仮説　198
吸引圧　69
吸引法装置　61
給水圧力　131, 132
吸水曲線　66
吸水度　139
吸着　114
凝集現象　55
強熱減量　90
　　——法　87
金属錯体　87
空間的に相関　200
空間的変動性　189
空気侵入値　132
空気の密度　34
偶然誤差　188
区間推定　192
屈曲係数　144
クリッギング　202
黒ボク土　67
系統誤差　188
ケーブルテスター　183
ゲルフパーミアメーター　130
原位置透水試験　130
懸濁液　56
コアサンプル法　23
恒常性　113
硬盤　3
耕盤　3
鉱物微粒子　31
呼吸　168
固相　31
　　——率　31

サ 行

細砂　39
採取時間　50
最小読み取り値　28
サクション　60, 69
三角座標　52, 53
酸化物　81
三相分布　31
　　——計　32
酸素センサー　170
サンプラー　9
サンプリング誤差　188
自己相関係数　202
指数関数型　136
自然含水比　20
湿式ふるい装置　82
湿潤質量　27
湿潤密度　20
実容積計　32
四分位範囲　191
収着　115
蒸散　95
蒸発潜熱　68
蒸発速度　124
シリンダーインテークレート　130
シル　201
シルト　39, 52
真空デシケータ　14
真空ポンプ　14
浸潤過程　66
浸漬熱　165
振とう　44
浸透ポテンシャル　95
真比重　13, 50
信頼区間　192, 193
信頼度　193, 198
水素イオン　105
水中篩別　83
推定　192
水分特性曲線　60, 118
水理学的分散　143
水力学的分散　143
　　——係数　144
ストークスの式　39
砂　52
砂置換法　23
素焼き板　63
スレーキング　86
正規分布　189
　　——表　193
石英　13
接触角　70
セミバリオグラム　201
センサーの較正　122

索 引　207

全水頭　72
層位　5
　——区分　7
相関係数　162
相対温度　161
相対（土壌）ガス拡散係数　168,173,176
相対濃度　145,153
測定誤差　188
粗砂　39
塑性限界　83
塑性指数　43
粗大有機物　13

タ 行

耐水性団粒　81,84
対数正規分布　190
体積含水率　27,34
体積熱容量　22,156,157
対立仮説　197
ダルシー則　72
団粒　81
　——間間隙　81
　——形成　92
　——内間隙　81
地温　156
地球統計学　189
長石　13
直線回帰　173
通気係数　169,176
通気性　26,81
定常浸入速度　137
定水頭法　73
定電圧供給装置　119
データロガー　119
電解質濃度　55
電気伝導度　56,95,177,182
電気炉　88
電源制御用リレー　120
テンシオメータ　118,123
　——カップ　69
電磁波　177
電子レンジ　29
動水勾配　72,73,117
土壌構造　59
土壌硬度　3

土壌水　58
土壌水分保持曲線　127
土壌断面　3
　——調査票　5,7
土壌有機物　87
土壌溶液のEC値　97
土色　7
土性　40,52
ドリップポイント　62
土粒子密度　27,45,50

ナ 行

ナイロンメッシュ　134
ナゲット効果　202
生土　20
熱拡散係数　22,156,157
熱伝導率　22,156
粘性係数　45,77
粘土　39,52

ハ 行

排水過程　66
排水曲線　66
排水性　81
波形解析ソフトウェア　179
バッキンガム・ダルシー式　127
バッキンガム・ダルシー則　117
撥水性　19,141
反射係数　181,182
ピクノメータ　14
比重　13,45
　——計　42
　——計法　39
非晶質　32
ヒステリシス　66,70
非線形最小2乗法　145,149
比熱　22,157
ピペット法　39,49
比誘電率　177
標本　191
　——抽出誤差（サンプリング誤差）　188
　——分散　191
　——平均　191
肥沃性　81

肥沃度　87
負圧　69
　　——浸入計　130
フィックの第2法則　172
フィックの法則　168
フィンガー流　141
封入空気　66
富栄養化　114
不攪乱試料　32
不攪乱土壌　3
腐植　92
浮ひょう　44
不偏分散　196,199
不飽和透水係数　118,127
フーリエの式　156
分散現象　55
分散剤　43
分散長　144
平均重量直径　81
平均電気伝導度　184
ヘキサメタリン酸ナトリウム　41,49
変水頭法　73
飽和抽出法　97
飽和度　27,34
飽和透水係数　22,73
保水性　59
ポテンシャル　58
　　——エネルギー　58,167
母分散　191
母平均　191
ホメオスタシス　113
ポーラスカップ　69,120,122

マ 行

マッフル　88
マトリックフラックスポテンシャル　136
マトリックポテンシャル　59,68,118
マリオット管　62,131

見かけのEC　97
水フラックス　73
メニスカス補正　42
毛管上昇高　70
毛管飽和　66
モード　191
モル濃度　95,105
モンモリロナイト　167

ヤ 行

有意　197
　　——水準　197
有効水分　26
有効深さ　45,46
湯せん　14
溶解平衡　105
溶質分散　144
　　——係数　144

ラ 行

ラグ　201
粒径加積曲線　48,52
粒径組成　39
粒径分布　39,84
両側検定　199
履歴現象　70
リン　87
リン酸　114
累積確率密度　190
るつぼ　88
礫　39
レンジ　191,201
ロッド　179

ワ 行

歪度　191

執筆者一覧（[ ]は執筆担当章）

編　者

宮﨑　毅（みやざき・つよし）
1947年生まれ．東京大学農学部農業工学科卒業．現在，東京大学大学院農学生命科学研究科教授．農学博士．
主要著書：*Water Flow in Soils*, 2nd ed.（CRC Press, Taylor & Francis Group, 2006），『土壌物理学』（共著，朝倉書店，2005）ほか．

西村　拓（にしむら・たく）　[実験 1，4，9，楽しい 10 のなるほど実験 2，4]
1963年生まれ．東京大学農学部農業工学科卒業．現在，東京大学大学院農学生命科学研究科准教授．博士（農学）．
主要著書：『土壌物理学（第 6 版）』（共訳，築地書館，2006），『土壌物理環境測定法』（共著，東京大学出版会，1995）ほか．

著　者

川本　健（かわもと・けん）　[実験 2，8，17，楽しい 10 のなるほど実験 9]
1971年生まれ．東京大学大学院農学生命科学研究科博士課程退学．現在，埼玉大学大学院理工学研究科准教授．博士（農学）．

斎藤広隆（さいとう・ひろたか）　[実験 3，14，19]
1973年生まれ．ミシガン大学大学院土木・環境工学科博士課程修了．現在，東京農工大学大学院農学研究院准教授．Ph.D.

笹田勝寛（ささだ・かつひろ）　[実験 6，7，10，楽しい 10 のなるほど実験 1，6，7，8]
1968年生まれ．日本大学大学院農学研究科博士課程修了．現在，日本大学生物資源科学部准教授．博士（農学）．

中村貴彦（なかむら・たかひこ）　[実験 5，12]
1965年生まれ．筑波大学大学院農学研究科博士課程修了．現在，東京農業大学地域環境科学部講師．博士（農学）．

登尾浩助（のほりお・こうすけ）　[実験 16，18，楽しい 10 のなるほど実験 10]
1955年生まれ．テキサス A & M 大学博士課程修了．現在，明治大学農学部教授．Ph.D.

藤巻晴行（ふじまき・はるゆき）　[実験 11，13，15，楽しい 10 のなるほど実験 3，5]
1969年生まれ．鳥取大学大学院連合農学研究科修了．現在，鳥取大学乾燥地研究センター緑化保全部門准教授．博士（農学）．

土壌物理実験法

2011 年 3 月 15 日　初　版

［検印廃止］

編　者　宮﨑　毅・西村　拓

発行所　財団法人　東京大学出版会
　　　　代表者　長谷川寿一
　　　　113-8654 東京都文京区本郷 7-3-1 東大構内
　　　　電話 03-3811-8814・振替 00160-6-59964

印刷所　三美印刷株式会社
製本所　株式会社島崎製本

Ⓒ 2011 Tsuyoshi Miyazaki, Taku Nishimura *et al.*
ISBN 978-4-13-072064-9　Printed in Japan

Ⓡ〈日本複写権センター委託出版物〉
本書の全部または一部を無断で複写複製（コピー）することは，著作権法上での例外を除き，禁じられています．本書からの複写を希望される場合は，日本複写権センター（03-3401-2382）にご連絡ください．

環境地水学	宮﨑　毅	A5/3800 円
土の物質移動学	中野政詩	A5/4200 円
植物育種学 交雑から遺伝子組換えまで	鵜飼保雄	A5/5400 円
根の発育学	森田茂紀	A5/3800 円
里山の環境学	武内・鷲谷・恒川編	A5/2800 円
人と森の環境学	井上　真他	A5/2000 円
保全生態学の技法 調査・研究・実践マニュアル	鷲谷いづみ他編	A5/3000 円
新版　河川工学	高橋　裕	菊/3800 円

ここに表示された定価は本体価格です．ご購入の際には消費税が加算されますのでご了承ください．